特种作业人员安全技术培训考核教材

起重司索指挥作业

中国第一汽车集团公司教育培训中心组织编写
李绍红　战淑红　编

机 械 工 业 出 版 社

本书根据国家安全生产监督管理局颁布的《特种作业人员安全技术培训大纲及考核标准》，参考实际需要编写，是特种作业人员的安全技术培训考核用书。

本书系统介绍了起重司索指挥人员应学习掌握的安全技术理论知识和操作技能，包括特种作业相关的安全生产法律法规知识、起重司索指挥作业常见的工作危害、起重力学基础知识、物体质量的计算、起重吊点的选择及物体捆绑、索具工具及设备、超重机械的基本知识、起重作业安全技术操作规程、起重吊运指挥信号、起重事故案例分析、起重现场安全知识。

书末有与之配套的安全技术理论考核复习题及答案，以便于读者自检自测。

本书主要用作起重司索指挥人员的安全技术培训考核教材，也可作为各企事业单位安全管理和相关技术人员的参考用书，还可作为各级职业技术教育相关专业的师生参考用书。

图书在版编目（CIP）数据

起重司索指挥作业/李绍红，战淑红编. —北京：机械工业出版社，2009.10（2025.8重印）
特种作业人员安全技术培训考核教材
ISBN 978-7-111-28623-3

Ⅰ.起… Ⅱ.①李…②战… Ⅲ.起重机械-操作-安全技术-技术培训-教材 Ⅳ.TH210.7

中国版本图书馆CIP数据核字（2009）第188454号

机械工业出版社（北京市百万庄大街22号 邮政编码100037）
策划编辑：荆宏智 责任编辑：邓振飞 版式设计：张世琴
封面设计：王伟光 责任校对：魏俊云 责任印制：李 昂
涿州市般润文化传播有限公司印刷
2025年8月第1版·第11次印刷
184mm×260mm·8.25印张·200千字
标准书号：ISBN 978-7-111-28623-3
定价：29.80元

凡购本书，如有缺页、倒页、脱页，由本社发行部调换

电话服务	网络服务
社服务中心：（010）88361066	教材网：http：//www.cmpedu.com
销售一部：（010）68326294	机工官网：http：//www.cmpbook.com
销售二部：（010）88379649	机工官博：http：//weibo.com/cmp1952
读者购书热线：（010）88379203	**封面无防伪标均为盗版**

特种作业人员安全技术培训考核教材

编审委员会

序

安全生产关系企业员工生命及企业资产安全，因此国家历来十分重视安全生产工作，建立了安全生产监管体系，颁布实施了《中华人民共和国安全生产法》等法律法规，明确了安全生产责任。

特种作业人员是直接从事对自身、他人和周围设施的安全有重大危害因素的作业，并大量接触重大危险源，他们生产作业的规范、正确与否，对企业安全生产有重大影响，因此对特种作业人员的安全技术培训是我国劳动保护工作的一项重要内容，是强化企业安全生产管理的必要手段。为规范特种作业人员培训、考核工作，防止人员伤亡事故，促进安全生产，依据《安全生产法》和有关法律、行政法规，国家安全生产监督管理总局"特种作业人员安全技术培训考核管理规定"中要求，特种作业人员必须经专门的培训，具备相应特种作业的安全技术知识，经安全技术理论考核和实际操作技能考核合格，取得特种作业操作资格证书，方可上岗作业。做好这项工作对于增强特种作业人员的安全生产意识，保障特种作业人员及他人在生产过程中的安全与健康，提高企业的经济效益，促进国民经济的发展，推动安全生产具有非常重要的意义。

中国第一汽车集团公司教育培训中心是经国家安全生产监督管理总局考核评价，颁发具有国家二级安全生产培训资质的培训机构，每年完成大量安全生产培训工作。在特种作业人员培训过程中，培训工作人员发现现有的安全技术培训教材篇幅大，文字陈述过多，理论知识过深，安全生产知识与技能不突出，国家相关法律法规、特种作业人员的责任、权利与义务内容薄弱，不能适应培训的需要。

为此，我们通过广泛深入的调研，参照国际上先进的培训理念与模式，根据国家安全生产监督管理局颁布的《特种作业人员安全技术培训大纲及考核标准》，参考实际需要，编写了这套特种作业人员安全技术培训考核教材。这套培训教材具有以下特色：

1. 依据培训大纲编写，突出重点内容，兼顾实用性、针对性、可操作性

以《特种作业人员安全技术培训大纲及考核标准》中对安全技术理论和安全操作技能要求为基础，参考实际需要确定内容，在涵盖考核标准要求的知识点的前提下，不求系统性、完整性，追求针对性、实用性，重在使读者掌握必备的安全要点。

2. 采用模块课题形式，将技术与安全、理论与实际操作技术融于一体

根据特种作业人员作业所涉及的工作内容设立课题，课题下再分若干任务项目，每项任务下提出"技能点"、"知识点"、"安全要点"，再按"任务分析"、"相关专业知识"、"任务实施"的顺序进行详细讲解，将技术与安全、理论与实际操作融于一体。

3. 内容全面，包含法律法规、安全培训、案例分析、考核复习题及答案

培训内容以安全生产作业必备的知识点、技能点、安全要点为主体，还介绍了我国安全生产法律、法规的知识，并选择具有典型性、代表性的事故案例进行全面、透彻的分析，书末有与之配套的安全技术理论考核复习题及答案，以便于读者自检自测。

4. 形式新颖，图文并茂，在重要内容处加重点提示或安全提示旁白内容

本教材摒弃了传统培训教材篇幅大、文字陈述过多、理论知识过深的弊端，本着“少而精”、“实用易读”的原则，采用图文结合、图示为主的形式表述培训内容，重要的文字内容或插图旁有重点提示或安全提示旁白，以增加读者的阅读兴趣。

本系列培训教材在编写过程中力求“实用”、“够用”、“管用”，重在使读者掌握必备的安全要点，可用作各级各类安全生产培训部门、企业培训部门、各类培训机构以及再就业和农民工进行安全生产培训和考核的教材，也可作为各企事业单位安全管理和相关技术人员的参考用书，还可作为各级职业技术教育相关专业的师生参考用书。

本系列培训教材在调研、策划、编写过程中，得到上海汽车公司、东风汽车公司等企业培训中心，中国一汽集团公司生产控制部、检测中心有关领导、专家、工程技术人员的大力支持和帮助，在此表示衷心的感谢。

教材中难免存在不足之处，诚恳希望从事安全生产及特种作业人员培训的专家和广大读者不吝赐教，批评指正。

中国第一汽车集团公司教育培训中心

前 言

本书根据国家安全生产监督管理局颁布的《特种作业人员安全技术培训大纲及考核标准》编写，是特种作业人员安全技术培训考核用书。

本书系统介绍了起重司索指挥人员应该学习掌握的安全技术理论知识。包括特种作业相关的安全生产法律法规知识、起重司索指挥作业常见的工作危害、起重力学基础知识、物体重量的计算、起重吊点的选择及物体捆绑、索具工具及设备、起重机械的基本知识、起重作业安全技术操作规程、起重吊运指挥信号、起重事故案例分析、起重现场安全知识。并附有起重司索指挥作业人员安全技术理论考核复习题及答案。

在编写内容上，本书力求突出以下特点：

1. 严格按照《起重司索指挥人员安全技术培训、考核大纲》及《起重司索指挥人员安全技术考核标准》编写，在保证涉及的知识点不被遗漏的基础上，以起重司索指挥人员的安全技术方面的内容为重点，力求较好体现培训大纲及考核标准的要求。

2. 语言精练，图文并茂，易读性强。本书本着“少而精”、“实用易读”的原则，培训内容以起重司索指挥作业过程中的安全生产作业必备的知识、技能、安全要点为主体，不做专业技术的深度描述，以适应不同文化层次的读者的需求。

3. 增加了安全生产法律、法规方面的知识。本书深入浅出地介绍了我国安全生产法律、法规的知识，在增强起重司索指挥人员的安全生产的法制意识的同时，也有助于他们依法维护安全生产的权利。

本书可作为起重作业人员自学和起重司索指挥人员安全技术培训考核教材使用，亦可供企业起重管理人员和劳动部安全监察管理部门及相关专业高等及中等职业技术院校师生参考。

编　者

目　　录

课题一 安全生产法律法规知识

技能点

- 能够运用法律知识，保护自身及他人权益。

知识点

- 《中华人民共和国安全生产法》相关知识。
- 《中华人民共和国劳动法》相关知识。
- 《中华人民共和国职业病防治法》相关知识。
- 《工伤保险条例》相关知识。
- 安全生产主要法律制度。

安全要点

- 严格遵守有关安全生产的法律法规及相关制度，确保安全生产。

一、任务分析

对特种作业人员除技术上有更高要求之外，还应该有较强的法制意识，学法懂法，严格按要求规范操作，确保安全生产，保护自身及他人权益。

二、相关专业知识

1. 概述

我国正在建立的包括起重司索在内的特种设备法规标准体系由“法律—行政法规—部门规章—规范性文件—相关标准及技术规定”五个层次构成。

（1）法律　法律是由全国人民代表大会或省级人民代表大会通过和批准的。我国现行的与特种设备有关的法律主要有：《中华人民共和国安全生产法》、《中华人民共和国劳动法》、《中华人民共和国产品质量法》、《中华人民共和国进出口商品检验法》、《中华人民共和国职业病防治法》。

图 1-1　法律法规

国家现正制定的《特种设备安全监察法》将以《特种设备安全监察条例》为基础，其内容将涵盖锅炉、压力容器、压力管道、电梯、起重机械、客运索道、大型游乐设施、场内机动车辆等各类特种设备的设计、制造、销售、安装、使用、检验、维修、改造等各项活动。

（2）行政法规　行政法规包括国务院颁布的行政法规和国务院各部委以令的形式颁布的与特种设备相关的部门行政章程。《特种设备安全监察条例》是国务院以令的形式颁布的用以规范特种设备的生产、使用、检验检测及其安全监察的专门法规。《国务院关于特大安全事故行政责任追究的规定》是另一部重要的法规，该法规明确规定若发生特大安全事故，将追究行政首长的责任。压力容器和锅炉、压力管道等安全事故被作为七类特大安全事故。

（3）部门规章　部门规章是指国家质量监督检验检疫总局（后简称国家质检总局）局长以令的形式发布的办法、规定、规则，如：《特种设备事故报告和调查处理规定》等。

（4）安全技术规范　安全技术规范是指以国家质检总局领导签署或授权签署，以国家质检总局名义公布的技术规范和管理规范。管理类规范包括各种管理规则、核准规则、考核规则和程序等；技术规则包括各种安全技术监察规程、检验细则、评定细则、考核大纲等。

（5）技术标准　技术标准是指由行业或技术团体提出，经有关部门批准的技术文件，有国家标准、行业标准和企业标准。国家标准又分为强制性标准和推荐执行标准。涉及安全卫生的领域必须实行国家强制性标准。企业标准应当高于行业标准，更应高于国家标准。行业标准是对没有国家标准而又需要在全国某个行业范围内统一技术要求而制定的标准。

2.《中华人民共和国安全生产法》相关知识

为了加强安全生产监督管理，防止和减少生产安全事故，保障人民群众生命和财产安全，促进经济发展，我国于2002年6月29日颁布了《中华人民共和国安全生产法》（简称《安全生产法》），于2002年11月1日起施行。《安全生产法》是我国第一部关于安全生产的专门法律，适用于各个行业的生产经营活动。

（1）《安全生产法》赋予从业人员的权利

1）知情、建议权。《安全生产法》第四十五条规定：“生产经营单位的从业人员有权了解其作业场所和工作岗位存在的危险因素、防范措施及事故应急措施，有权对本单位的安全生产工作提出建议。”与此相对应，责任方有完整、如实告知的义务，不得隐瞒和欺骗。同时责任方对安全生产方面的合理建议有接受和改进的义务。

2）批评、检举、控告权及合法拒绝权。《安全生产法》第四十六条规定：“从业人员有权对本单位安全生产工作中存在的问题提出批评、检举、控告；有权拒绝违章指挥和强令冒险作业。生产经营单位不得因从业人员对本单位安全生产工作提出批评、检举、控告或者拒绝违章指挥、强令冒险作业而降低其工资、福利等待遇或者解除与其订立的劳动合同。”

3）遇险停、撤权。《安全生产法》第四十七条规定：“从业人员发现直接危及人身安全的紧急情况时，有权停止作业或者在采取可能的应急措施后撤离作业场所。生产经营单位不得因从业人员在前款紧急情况下停止作业或采取紧急撤离措施而降低其工资、福利等待遇或者解除与其订立的劳动合同。”

4）保（险）外索赔权。《安全生产法》第四十八条规定：“因生产安全事故受到损害的从业人员，除依法享有工伤社会保险外，依照有关民事法律尚有获得赔偿的权利的，有权向本单位提出赔偿要求。”

（2）《安全生产法》规定从业人员应承担的义务　法制的基本特征之一是权利和义务应该对等。

1）遵章作业、佩戴和使用劳动防护用品的义务。《安全生产法》第四十九条规定：“从业人员在作业过程中，应当严格遵守本单位的安全生产规章制度和操作规程，服从管理，正确佩戴和使用劳动防护用品。”

2）接受安全生产教育培训的义务。《安全生产法》第五十条规定："从业人员应当接受安全生产教育和培训，掌握本职工作所需的安全生产知识，提高安全生产技能，增强事故预防和应急处理能力。"

3）安全隐患报告义务。《安全生产法》第五十一条规定："从业人员发现事故隐患或者其他不安全因素，应当立即向现场安全生产管理人员或者本单位负责人报告；接到报告的人员应当及时予以处理。"

（3）对特种作业人员的规定　《安全生产法》第二十三条规定："生产经营单位的特种作业人员必须按照国家有关规定经专门的安全作业培训，取得特种作业操作资格证书，方可上岗作业。"结合《中华人民共和国劳动法》的相关规定，特种作业人员必须取得两证才能上岗：一是特种作业资格证（技术等级证），二是特种作业操作资格证（即安全生产培训合格证）。两证缺一即可视为违法上岗或违法用工。

3.《中华人民共和国劳动法》相关知识

2007年6月29日，第十届全国人民代表大会常务委员会第二十八次会议通过了《中华人民共和国劳动法》（简称《劳动法》），并于2008年1月1日起施行。《劳动法》的立法目的是为了保护劳动者的合法权益，调整劳动关系，建立和维护适应社会主义市场经济的劳动制度，促进经济发展和社会进步。

4.《中华人民共和国职业病防治法》相关知识

《中华人民共和国职业病防治法》（简称《职业病防治法》）的立法目的是为了预防、控制和消除职业病危害，防治职业病，保护劳动者健康及其相关权益，促进经济发展。

特种作业人员需要掌握《职业病防治法》中以下主要内容：

1）第四条规定："用人单位应当为劳动者创造符合国家职业卫生标准和卫生要求的工作环境和条件，并采取措施保障劳动者获得职业卫生保护。"

2）第六条规定："用人单位必须依法参加工伤社会保险。"

3）第十三条规定："产生职业病危害的用人单位的设立除应当符合法律、行政法规规定的设立条件外，其工作场所还应当符合下列职业卫生要求：

①职业病危害因素的强度或者浓度符合国家职业卫生标准。

②有与职业病危害防护相适应的设施。

③生产布局合理，符合有害与无害作业分开的原则。

④有配套的更衣间、洗浴间、孕妇休息间等卫生设施。

⑤设备、工具、用具等设施符合保护劳动者生理、心理健康的要求。

⑥法律、行政法规和国务院卫生行政部门关于保护劳动者健康的其他要求。"

4）第二十八条规定："任何单位和个人不得将产生职业病危害的作业转移给不具备职业病防护条件的单位和个人。不具备职业病防护条件的单位和个人不得接受产生职业病危害的作业。"

5）第三十条规定："用人单位与劳动者订立劳动合同（含聘用合同，下同）时，应当将工作过程中可能产生的职业病危害及其后果、职业病防护措施和待遇等如实告知劳动者，并在劳动合同中写明，不得隐瞒或者欺骗。劳动者在已订立劳动合同期间因工作岗位或者工作内容变更，从事与所订立劳动合同中未告知的存在职业病危害的作业时，用人单位应当依照前款规定，向劳动者履行如实告知的义务，并协商变更原劳动合同相关条款。用人单位违反前两款规定的，劳动者有权拒绝从事存在职业病危害的作业，用人单位不得因此解除或者终止与劳动者所订立的劳动合同。”

6）第三十二条规定：“对从事接触职业病危害的作业的劳动者，用人单位应当按照国务院卫生行政部门的规定组织上岗前、在岗期间和离岗时的职业健康检查，并将检查结果如实告知劳动者。职业健康检查费用由用人单位承担。”

7）第三十六条规定：“劳动者享有下列职业卫生保护权利：

①获得职业卫生教育、培训。

②获得职业健康检查、职业病诊疗、康复等职业病防治服务。

③了解工作场所产生或者可能产生的职业病危害因素、危害后果和应当采取的职业病防护措施。

④要求用人单位提供符合防治职业病要求的职业病防护设施和个人使用的职业病防护用品，改善工作条件。

⑤对违反职业病防治法律、法规以及危及生命健康的行为提出批评、检举和控告。

⑥拒绝违章指挥和强令进行没有职业病防护措施的作业。

⑦参与用人单位职业卫生工作的民主管理，对职业病防治工作提出意见和建议。

用人单位应当保障劳动者行使前款所列权利。因劳动者依法行使正当权利而降低其工资、福利等待遇或者解除、终止与其订立的劳动合同的，其行为无效。”

5.《工伤保险条例》相关知识

1）第二条：“中华人民共和国境内的各类企业、有雇工的个体工商户（以下简称用人单位）应当依照本条例规定参加工伤保险，为本单位全部职工或者雇工（以下简称职工）缴纳工商保险费。中华人民共和国境内的各类企业的职工和个体工商户的雇工均有依照本条例的规定享受工伤保险待遇的权利。”

2）第四条：“用人单位应当将参加工伤保险的有关情况在本单位内公示。职工发生工伤时，用人单位应当采取措施使工伤职工得到及时救治。”

6. 安全生产主要法律制度

（1）安全生产监督管理制度 “安全生产的监督管理”具体有以下几个方面：一是县级以上地方各级人民政府的监督管理。二是负有安全生产监督管理职责的部门的监督管理，包括严格依照法定条件和程序对生产经营单位涉及安全生产的事项进行审查批准和验收，并及时进行监督检查等。三是监察机关的监督。四是对安全生产社会中介机构的监督。

（2）生产安全事故报告制度《安全生产法》以及《国务院关于特大安全事故行政责任追究的规定》（302 号令）等法律规定都对生产安全事故的报告作了明确规定，从而构成我国安全生产法律的事故报告制度。

1）事故隐患报告。《安全生产法》第六十四条、六十五条明确规定：任何单位或个人对事故隐患或者安全生产违法行为，均有权报告或者举报。第六十六条特别规定：国家对报告重大事故隐患或者举报安全生产违法人员的有功人员，给予奖励。

2）生产安全事故报告。《安全生产法》第七十条第一款规定：“生产经营单位发生生产安全事故后，事故现场有关人员应当立即报告本单位负责人。单位负责人接到事故报告后，应当迅速采取有效措施，组织抢救，防止事故扩大，减少人员伤亡和财产损失，并按照国家有关规定立即如实报告当地负有安全生产监督管理职责的部门，不得隐瞒不报、谎报或者拖延不报，不得故意破坏事故现场、毁灭有关证据”。生产经营单位发生伤亡事故后，应当立即报告当地县（市、区、旗）人民政府安全生产综合监督管理部门和有关部门。

（3）事故应急救援与调查处理制度　一是生产安全事故应急救援预案的制定；二是在生产安全事故发生后，事故应急救援体系能保证事故应急救援组织及时出动，并有针对性地采取救援措施；三是建立专业化的应急救援组织。

（4）事故责任追究制度《安全生产法》明确规定：国家实行生产安全事故责任追究制度。以法律的形式宣布实行生产安全事故责任追究制度。任何生产安全事故的责任人都必须受到相应的责任追究。在实施责任追究制度时，必须贯彻“责任面前人人平等”的精神，坚决克服因人施罚的思想，无论什么人，只要违反了安全生产管理制度，造成了生产安全事故，就必须坚决予以追究。

生产安全事故责任人员，既包括生产经营单位中对造成事故负有直接责任的人员，也包括生产经营单位中对安全生产负有领导责任的单位负责人，还包括有关人民政府及其有关部门对生产安全事故的发生负有领导责任或者有失职、渎职情形的有关人员。

正确贯彻这一制度应当注意以下三个问题：

1）客观上必须有生产安全事故的发生。

2）承担责任的主体必须是事故责任人。

3）必须依法追究责任。

（5）特种作业人员持证上岗制度　针对特种作业的特殊性，安全生产法律法规对特种作业人员的上岗条件做出了详细而明确的规定，特种作业人员必须持证上岗，如图 1-2 所示。

1）基本条件。基本条件主要有三个：①年龄满 18 周岁。②身体健康，无妨碍本职工作的疾病和生理缺陷（如近视、色盲、听觉障碍、癫痫病、高血压、心脏病、眩晕症、精神病和案发性昏厥等）。③初中以上文化程度。

图 1-2　特种作业人员持证上岗制度

2）技术要求

①起重司索作业人员应进行以下理论及实际操作考核：

a. 熟练掌握常用绳结的结法及其应用场合。

b. 起重司索作业人员能根据物件的重量、形状、大小及特点，正确地选择相应的吊装索具、吊具等。

c. 起重司索人员能通过理论计算或估算的办法，判断确定出物件的重心，合理选择吊点；物件起吊后观察物件的平稳性，来评判吊点选择的合理性。

d. 起重司索人员对不同的物件，会正确选择绑扎方法，并能合理可靠熟练地运用。

e. 选择一适当物件，翻转 180°，观察评判起重司索作业人员选择索具或吊具、吊点的合理性，绑扎方法技巧性及翻转有效性等。

②起重指挥人员应进行以下理论及实际操作考核。主要考核起重指挥人员现场实际指挥技术要领、安全意识和临场组织协调及应急应变能力；考核方法按 GB 5082—1985《起重吊

运指挥信号》中规定的内容与要求，结合某种类型起重机的吊运作业进行现场指挥作业实际考核。

a. 任意选择6种通用手势信号，让指挥人员进行现场指挥。

b. 任意选择6种专用手势信号，让指挥人员进行现场指挥。

c. 任意选择10种旗语信号，让指挥人员进行现场指挥。

d. 任意选用1种音响信号与手势信号进行配合，任意选用1种音响信号与旗语信号进行配合，考核指挥人员的应用水平。

e. 任意选用一种指挥信号，考核指挥人员与起重机司机之间的操作配合水平。

3）培训与考核。《特种设备安全监察条例》规定：特种设备使用单位应当对特种设备作业人员进行特种设备安全教育和培训，保证特种设备作业人员具备必要的特种设备安全作业知识。《特种设备作业人员监督管理办法》也规定：用人单位应当加强作业人员安全教育和培训，保证特种设备作业人员具备必要的特种设备安全作业知识、作业技能和及时进行知识更新。没有培训能力的，可以委托发证部门组织进行培训。

特种作业人员必须积极主动参加培训与考核，这既是法律法规规定的，也是自身工作、生产及生命安全的需要。

三、任务实施

1. 学习安全生产法律法规常识
2. 遵守安全生产制度

课题二　起重司索指挥作业常见危害

任务一　起重作业的风险因素

技能点

- 能够避免起重作业的各种风险因素，做到安全作业。

知识点

- 起重作业的工作循环及风险因素。

安全要点

- 加强安全生产防患意识、重视多人作业的相互配合。

一、任务分析

在事故多发的各种作业中，起重事故的数量多、后果严重、经济损失大，一直是安全监控的重点特种设备。起重作业的高风险是由它的特殊运动形式和作业特点决定的。了解其高风险特点对生产和人身安全有着重大的意义。

二、相关专业知识

1. 起重作业的工作循环

取物装置$\xrightarrow{\text{取物}}$多个工作机构的空间运动$\xrightarrow[\text{直线或旋转}]{\text{单向或多向组合}}$物料安放到指定位置$\xrightarrow{\text{卸料}}$空载回到原处（准备再次作业）。

2. 起重机械的作业特点

1）周期性的间歇作业。

2）移动范围大。

3）运动方式复杂，可能是多个工作机构的单独运动或组合运动。

4）作业人员配合要求高，整个工作循环需要地面指挥人员、司索工和起重机司机三方面人员的紧密配合协调完成。

3. 起重作业的风险因素

（1）起重物料的势能高的原因　物料具有高势能。起重搬运的载荷质量大，一般都上百吨重，有的高达几百吨。起重搬运过程是将重物悬吊在空中的运动过程。由于载荷质量大、位置高，因而具有很高的势能。一旦发生意外，高势能就会迅速转化为高动能，造成严重后果。

（2）作业空间范围大的原因　作业空间范围影响大。起重机庞大的金属结构横跨车间或作业场地，高居其他设备、设施和施工人群之上，起重机起吊物料，可实现带载情况下，起重机部分或整体在较大范围内移动运行，在作业区域增大的同时，也使危险的影响范围加大。

（3）机构运动多维性的原因　起重机械的危险源点多且分散。与其他固定式机械不同的是，起重机在作业过程中需要整体移动，并且起重搬运过程是借助多个机构的组合运动来实现。每个机构都存在大量结构复杂、形状不一、运动各异、速度多变的可动零部件，再加上吊载的三维空间的运移，这样形成了起重机械的危险源点多且分散的特点。

（4）群体性作业的原因　起重作业是地面司索工、起重机司机、地面指挥等多人多环节协作完成的作业。起重作业的过程是通过地面司索工捆绑吊物、挂钩、卸货，起重司机操纵起重机将物料吊起，按地面指挥要求，通过空间运行，将吊物放到指定位置一系列环节组成。每一次吊运循环，都必须是多人合作完成，无论哪个环节出问题，都可能发生意外。

三、任务实施

加强安全生产防患意识、重视多人的配合作业

任务二　与工作条件有关的危害

技能点

- 能够在起重机械的复杂工作条件下做到安全作业。

知识点

- 起重作业的常见工作危害。

安全要点

- 避免起重作业的常见工作危害，防止事故的发生。

一、任务分析

在室内的起重机，地面设备多，人员集中；在室外的起重机，会受气象条件和场地限制；在夜间作业，会受作业范围内的采光条件影响。另外，物料的种类繁多，包括成件、散料、液体、固液混合等物料，形态各异。此外，流动式起重机还涉及地形和周围环境等众多因素的影响。

二、相关专业知识

起重作业的常见工作危害，如图 2-1 ~ 图 2-9 所示。

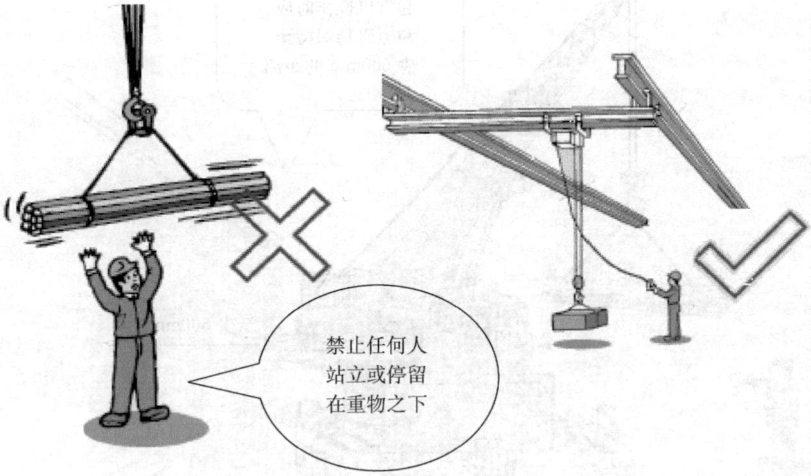

a)

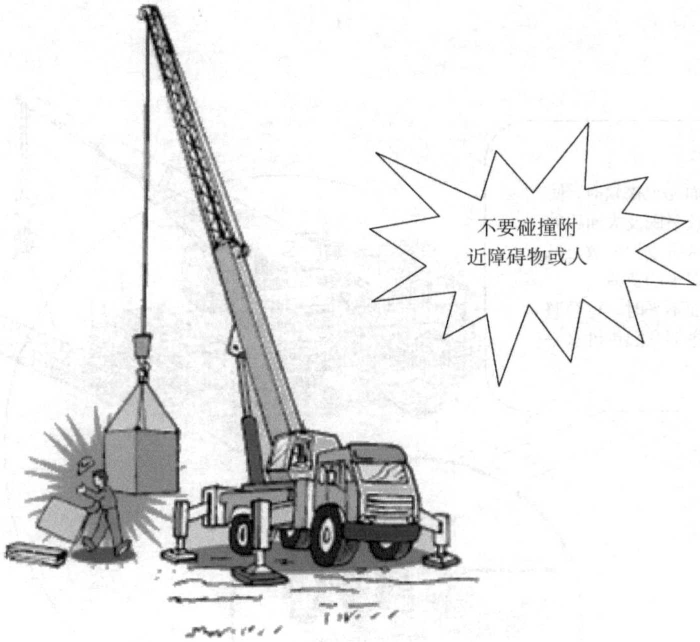

b)

图 2-1　地面的人员安全

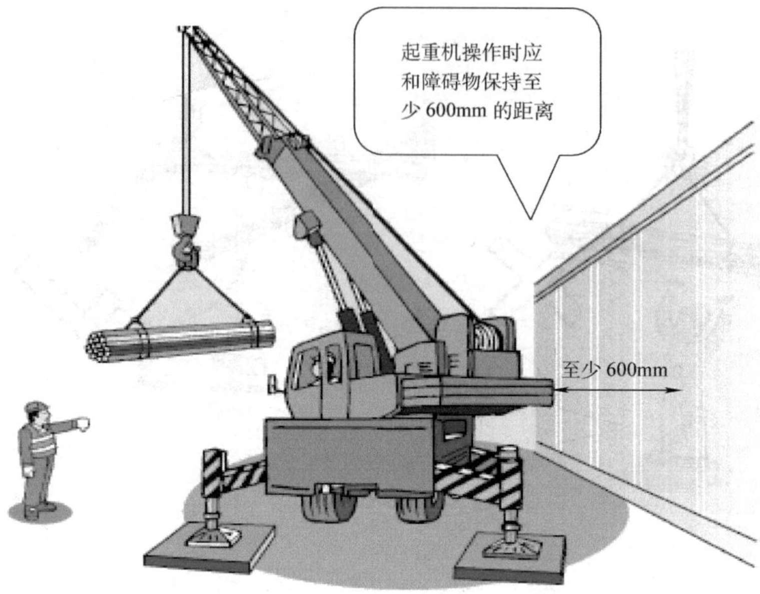

a)

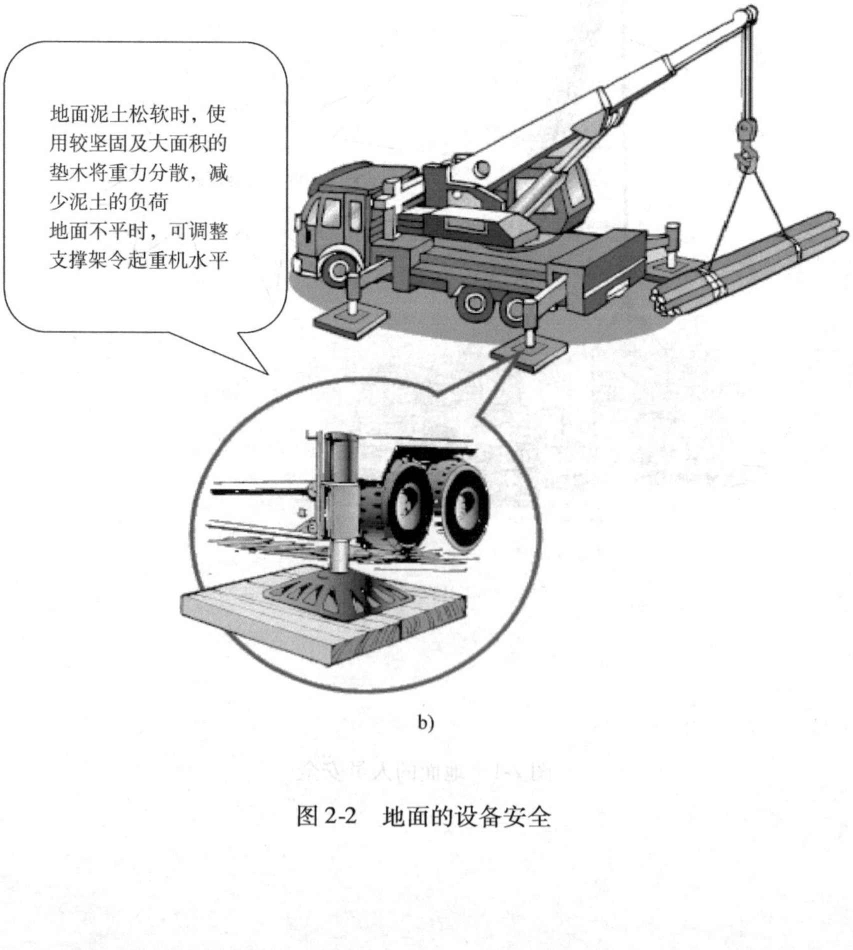

b)

图 2-2　地面的设备安全

a)

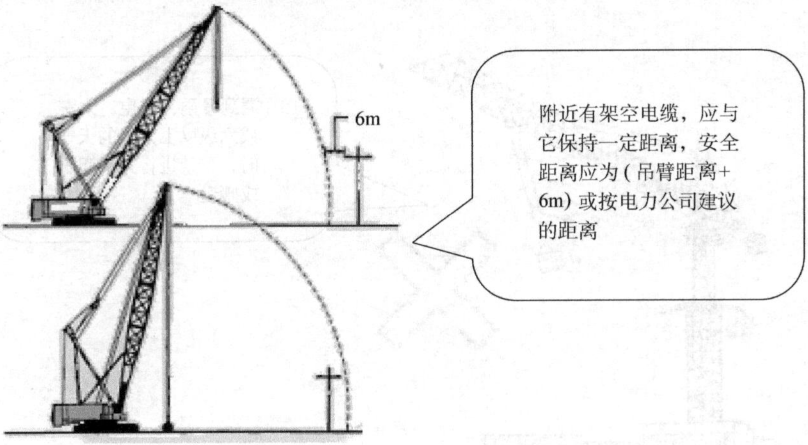

b)

图 2-3　架空电线

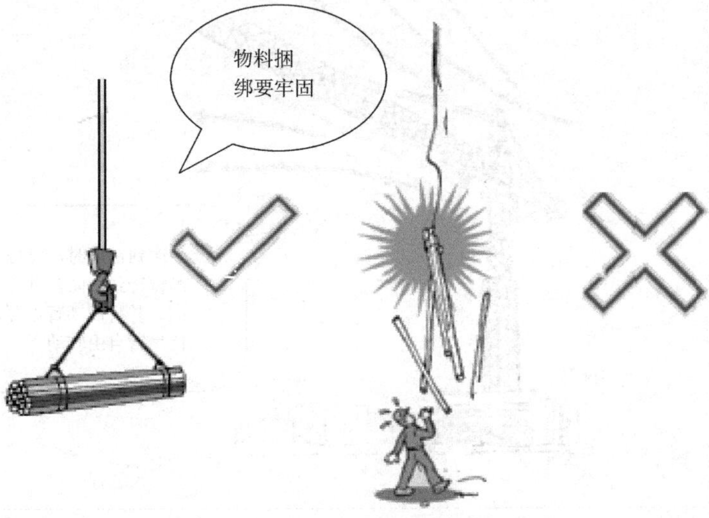

图 2-4　防止物料下坠

图 2-5　流动式起重机的地基条件

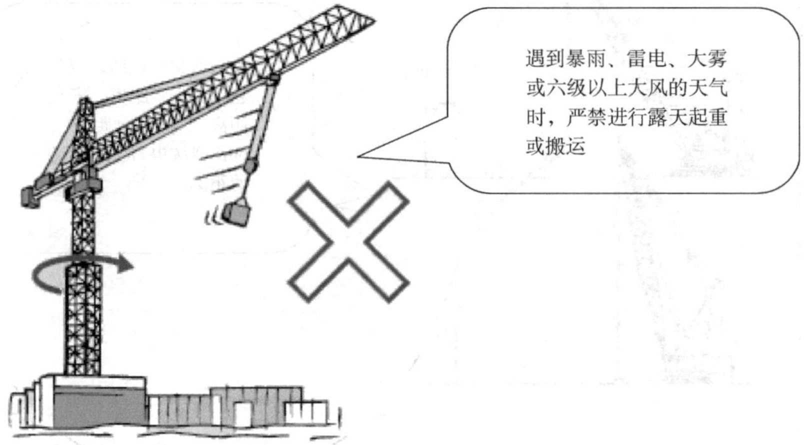

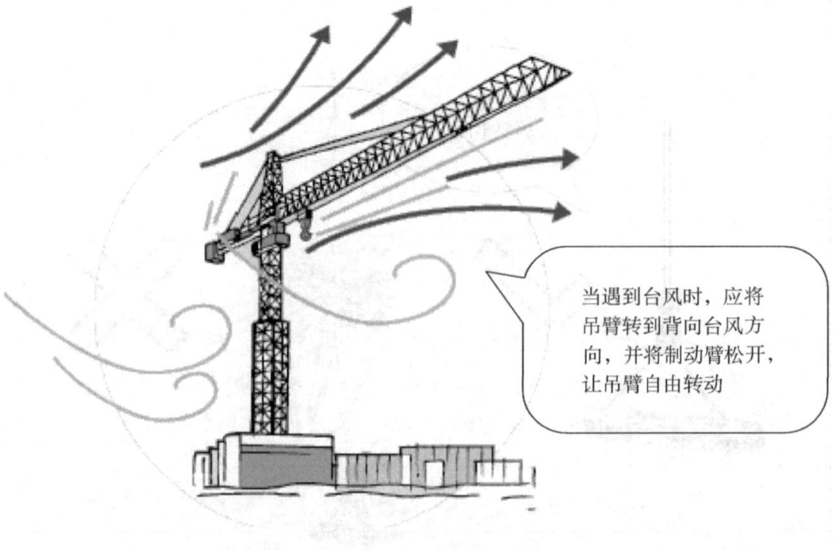

图 2-6　室外气候条件的影响

图 2-7　严禁拖行负荷物

图 2-8　防止吊臂或吊揽折断

图 2-9　吊运路径要合理

三、任务实施

根据环境条件进行合理的起重作业。

任务三　佩戴和使用劳动防护用品

技能点

- 能够正确佩戴和安全使用劳动防护用品。

知识点

- 劳动防护用品的用途。

安全要点

- 正确使用劳动防护用品，保障人身安全。

一、任务分析

正确佩戴劳动保护用品，是起重机司机和司索指挥作业人员在作业过程中保证人身安全的基本条件。

二、相关专业知识

劳动防护用品主要有工作服、防砸鞋、橡胶绝缘鞋、安全帽、安全带、防尘及防毒设施，以及高温环境的降温和低温环境的防寒设施。

三、任务实施

1. 劳动防护用品的正确使用

1）起重机司机应穿橡胶绝缘鞋，司索指挥人员要穿防砸鞋，不能穿硬底鞋或塑料凉鞋。

2）要扎紧鞋带，防止滑倒和跌落而导致摔伤事故发生。

3）工作时要穿着合体的工作服，裤腿和袖口要扎紧。

4）司机在检修、维修、地面遥控时应戴安全帽，司索指挥人员在整个起重作业过程中必须戴安全帽，防止零散部件或工具掉落砸伤头部。

2. 防中暑、降温

1）吊运炽热金属等高温作业车间的起重作业，夏季应搞好防暑降温，防止中暑晕倒事故发生。

2）条件恶劣的应轮换上岗。

3. 通风

1）尘毒作业场所应注意通风，采取个人防尘、防毒措施。

2）露天作业的起重机冬季要做好防寒防冻工作。

课题三 起重作业基础知识

任务一 起重力学基础知识

技能点

- 能够根据力学基础知识进行平面汇交力系的合成与平衡。
- 能够正确计算物体的力偶、力矩和重心。

知识点

- 力的概念。
- 力的基本定律。
- 力的合成与分解。
- 力矩与合力矩定理。
- 物体重力与重心。

安全要点

- 正确计算物体的重心，保证吊运过程平稳、安全。

一、任务分析

在起重作业过程中，处处涉及力学基础知识，各项起重运输作业，往往需要通过力学的基本理论去分析起重机具或被吊物的受力情况，从而能够科学、合理、经济、安全地进行起重作业。

二、相关专业知识

1. 力的基本概念

力是物体间相互的机械作用，力的作用效果是使物体运动状态发生变化或使物体发生变形。力不能脱离物体而存在。当某一物体受到力的作用时，一定有另一物体对它施加作用，对于这种作用，在分析物体受力情况时，必须区分受力物体和施力物体。

实践证明，力作用在物体上所产生的效果，不但与力的大小和方向有关，而且与力的作用点有关。一般把力的大小、方向和作用点称为力的三要素。当改变三要素中的任何一个时，力对物体的作用效果也随之改变。

例如用手推一物体，见图3-1，如果力的大小不同，或施力的作用点不同，或施力的方向不同都会对物体产生不同的效果。

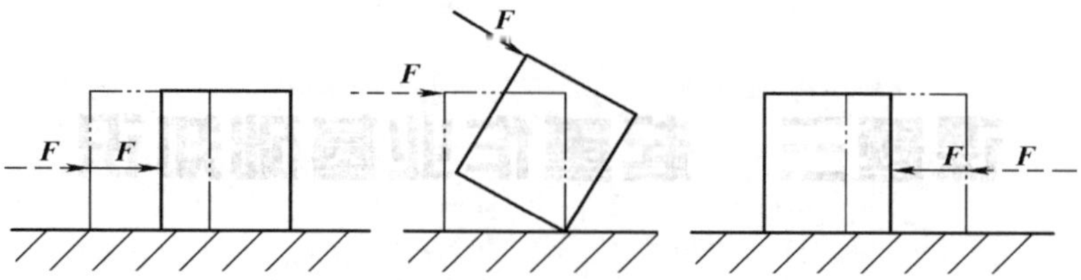

图 3-1　力的作用

在力学中，把具有大小和方向的量称为矢量。因而，力的三要素可以用矢量图表示，如图 3-2 所示。

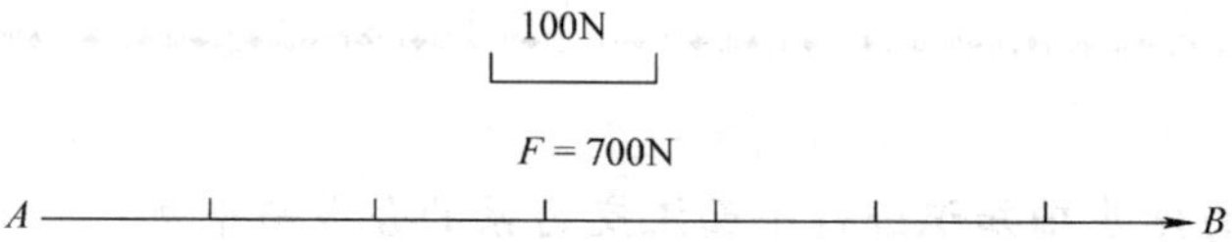

图 3-2　力的矢量图

作矢量图时，从力的作用点 A 开始，沿着力的方向画一条与力的大小成比例的线段 AB（如用 1cm 长的线段表示 100N 的力，那么 700N 的力就用 7cm 长的线段表示），再在线段末端 B 画出箭头，表示力的大小和方向，文字符号用黑体字 **F** 表示，并以同一字母非黑体字 F 表示力的大小，书写时则在表示力的字母 F 上加一“⇀”表示矢量。

2. 力的基本规律

在长期的生产实践中，人们经过经验的积累和实践的验证，逐渐认识了力所遵循的客观规律，其中最基本的规律可归纳为以下三条静力学定律：

（1）力的作用和反作用定律　力是物体间的相互作用，若将两物体间相互作用之一的受力称为作用力，则另一个就称为反作用力。两物体间的作用力和反作用力大小相等，方向相反，且沿同一条作用线，分别作用在两个物体上。如图 3-3 所示，绳索的下端吊一重物，绳索给重物的作用力为 **T**，重物给绳索的反作用力为 **T′**，**T** 和 **T′** 等值、反向、共线，且分别作用在两个物体上。

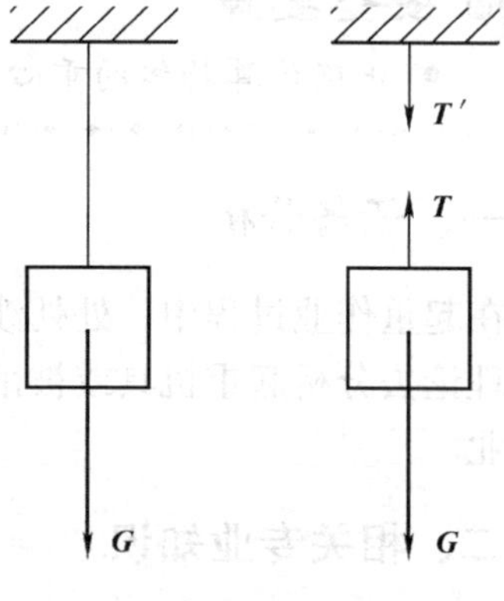

图 3-3　力的作用力和反作用力

应注意作用力和反作用力是分别作用在两个相互作用的物体上，因此不能将作用力和反作用力看成一平衡力系而相互抵消。

（2）二力平衡定律　二力平衡定律是指作用在一个物体上的两个力，在同一条直线上大小相等，方向相反，其合力为零，使物体保持静止状态或匀速运动状态。如图 3-4 所示，若重物处于静止状态（或以等速上升），此时钢丝绳对重物的拉力 **T** 与重物重力 **G** 保持平衡，即 **T** 和 **G** 大小相等，方向相反，并沿同一作用线，换句话说，两个力的平衡条件是两个力的合力等于零，即 $\boldsymbol{G}+\boldsymbol{T}=0$。

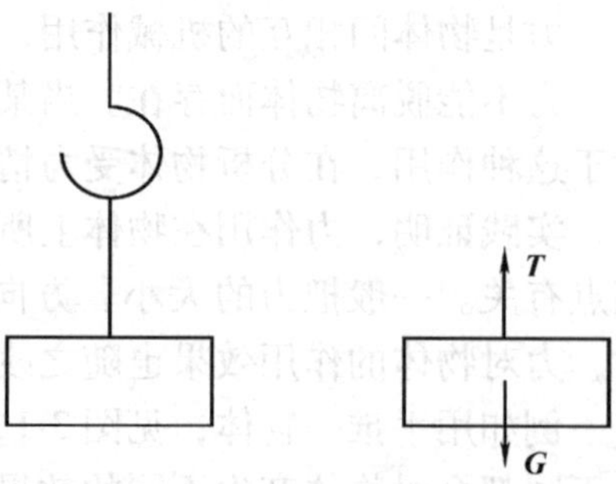

图 3-4　二力的平衡

（3）加减平衡力系定律　在任意一个已知力系上加上或减去任意的平衡力系，不会改变原力系对刚体的作用效应。

从上面的三条定律中可以得出一个重要推论：作用在物体上的力，其作用点可沿其作用线（作用线即通过力的作用点，沿力的方向的直线）滑移到任何位置不会改变此力对刚体的作用效应，即为力的可传性，如图 3-5 所示。

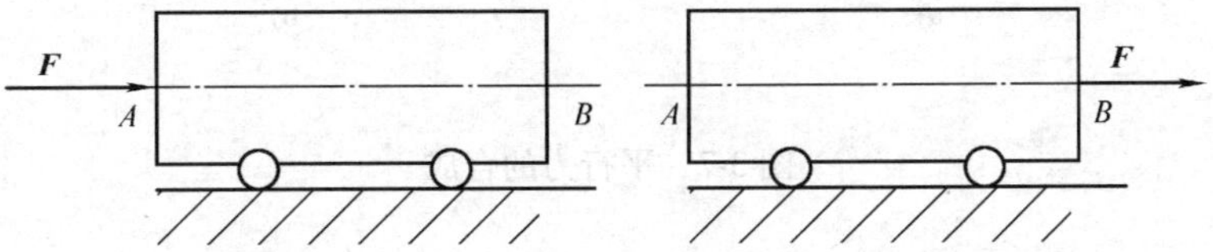

图 3-5　力的可传性

当力作用在 A 点，AB 是力 $\boldsymbol{F}$ 的作用线，此时是推车；当力作用在 B 点时，则是拉车。只要力 $\boldsymbol{F}$ 的大小、方向不变，无论作用于 A 点或 B 点，其效果是完全相同的。

3. 力的合成与分解

（1）力的合成　当一个物体同时受到几个力的作用时，如果找到这样的一个力，其产生的效果与原来几个力共同作用的效果相同，则这个力叫做原来那几个力的合力。求几个已知力的合力的方法叫做力的合成。

1）作用在同一条直线上力的合成。作用在同一条直线上各力的合力，其大小等于各力的代数和，其方向与计算结果的符号方向一致。通常以 X 坐标轴方向为正（+），反方向为负（−）。

例：求图 3-6a 所示之合力。

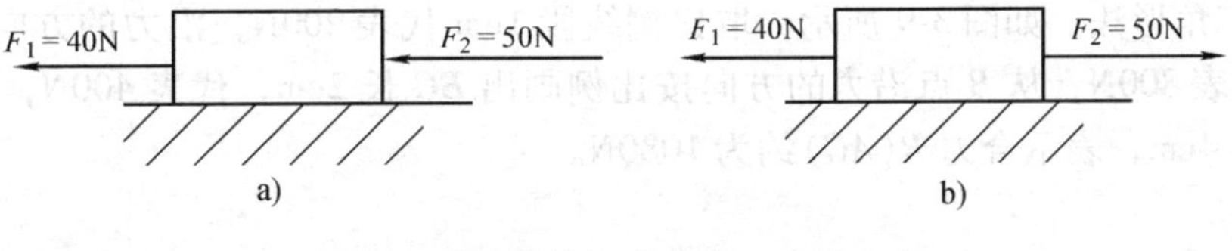

图 3-6　作用在同一条直线上力的合成

解：$\boldsymbol{R} = \boldsymbol{F}_1 + \boldsymbol{F}_2$

$R = -40\text{N} + (-50\text{N}) = -90\text{N}$

答：合力 $\boldsymbol{R}$ 大小为 90N，方向指向左方。

例：求图 3-6b 所示之合力

解：$\boldsymbol{R} = \boldsymbol{F}_1 + \boldsymbol{F}_2$

$R = (-40\text{N}) + 50\text{N} = 10\text{N}$

答：合力 $\boldsymbol{R}$ 大小为 10N，方向指向右方。

2）两个平行力的合成

①大小相等且方向相同的两平行力合成。如图 3-7a 所示，合力的大小等于两力之和，即 $F = F_1 + F_2 = 2F_1$；合力的作用点在两力作用点连线的中点上，方向和两力相同。

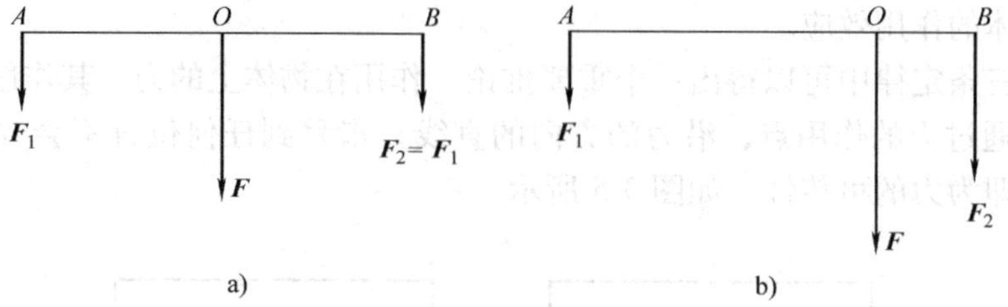

图 3-7　平行力的合成

②大小不相等，但方向相同的两平行力合成。如图 3-7b 所示，假设 $\boldsymbol{F}_2>\boldsymbol{F}_1$，其合力大小仍等于两力之和，即 $F=F_1+F_2$；合力的方向仍与两力相同；这里的关键就是如何求合力的作用点 O。因为合力作用点与这两力的距离与两力的大小成反比，即 $AO:OB=F_2:F_1$，而 AB 为已知，且 $OA+OB=AB$，通过此比例式求得合力的作用点 O 的位置。

3）两个共点力的合成。作用于同一点并互成角度的力称为共点力，其合力可用图解法计算。如图 3-8 所示，$\boldsymbol{F}_1$、$\boldsymbol{F}_2$ 两力夹角为 70°，$\boldsymbol{F}_1$ 即 AB，大小为 800N，$\boldsymbol{F}_2$ 即 AD，大小为 400N，其合力 $\boldsymbol{R}(AC)$ 可用下面两种方法求得。

①力的平行四边形法则解法。如图 3-8 所示，取比例线段 1cm 代表 200N，并沿力的方向将 AB 和 AD 二力按比例画出。取 AB 长 4cm 代表 800N，取 AD 长 2cm 代表 400N，经过 B 点及 D 点分别作 AD 与 AB 的平行线交于 C 点，连接 AC，量取 AC 约长 5.4cm，表示合力 $\boldsymbol{R}(AC)$ 的大小约为 1080N。

由此可见，求两个互成角度的共点力的合力，可用表示这两个力的有向线段作邻边作平行四边形，其对角线表示合力的大小和方向，这就叫做力的平行四边形法则。

②力的三角形法。如图 3-9 所示，取比例线段 1cm 代表 200N，沿力的方向将 AB 画出，AB 长 4cm 代表 800N，从 B 点沿力的方向按比例画出 BC 长 2cm，代表 400N，连接 AC，量取 AC 约长 5.4cm，表示合力 $R(AC)$ 约为 1080N。

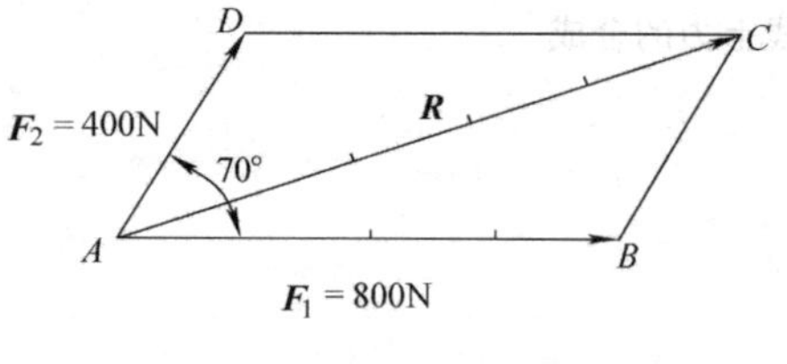

图 3-8　力的平行四边形法则

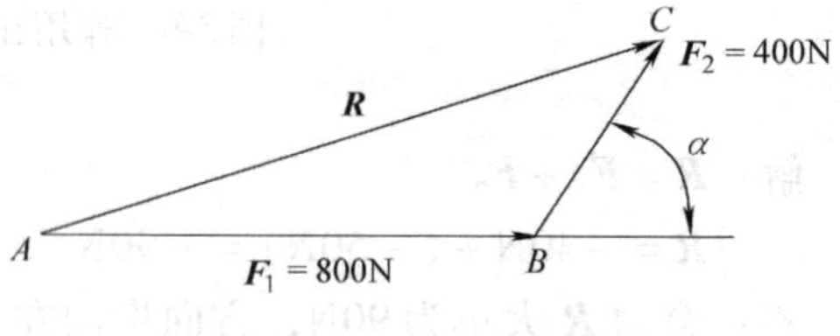

图 3-9　力的三角形法则

由此可见，求两个互成角度的共点力的合力，也可按矢量图法作出第一个力，由第一个力的终点，按第二个力的大小和方向做第二个力，连接第一个力的起点和第二个力的终点即得两个力的合力。合力的大小可用比例尺量得，合力的方向由第一个力的起点指向第二个力的终点，见图 3-9，这就叫做力的三角形法则。

（2）力的分解　一个已知力（合力）作用在物体上产生的效果可以用两个或两个以上

同时作用的力（分力）来代替。由合力求分力的方法叫做力的分解。力的分解可用下面两种方法进行：

1）图解法。力的分解是力的合成的逆运算，同样可用平行四边形法则。把已知力作为平行四边形的对角线，平行四边形的两个邻边就是这个已知力的两个分力。

如图3-10所示，已知两个分力的方向，求两个分力的大小，可通过这个已知力的作用点沿分力的方向（即与合力 R 的夹角）分别作直线Ⅰ，Ⅱ，再经过这个已知力的终点 C 分别作两个分力 $\boldsymbol{F}_1$、$\boldsymbol{F}_2$ 作用线的平行线，与Ⅰ，Ⅱ直线分别交于 B、D 两点，得一平行四边形 $ABCD$。其两邻边 AB、AD 就是要求的两个分力。分力的大小可以用比例尺量得，分力的方向由力的作用点 A 沿直线Ⅰ，Ⅱ射出。

2）三角函数法。计算时，也可利用三角函数公式求力的分解。

$$\boldsymbol{F}_1=\frac{R\sin\beta}{\sin(\alpha+\beta)}\quad \boldsymbol{F}_2=\frac{R\sin\alpha}{\sin(\alpha+\beta)}$$

例：如图3-11所示，已知钢管重 $G=10000\text{N}$，吊索长10m，两吊点间距离为4m，用两根钢丝绳吊装，求钢丝绳承受的拉力。

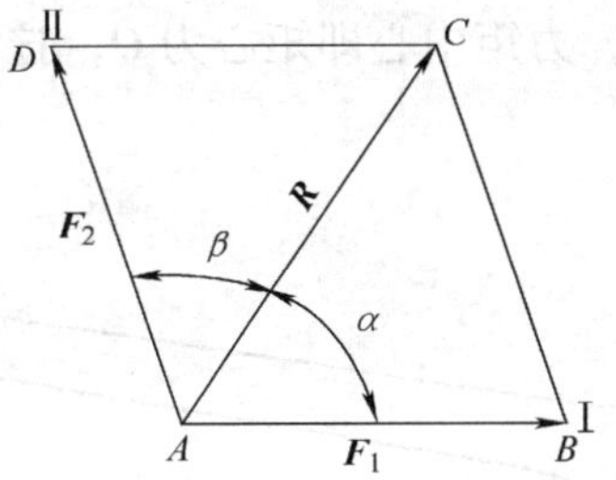

图3-10　力的分解

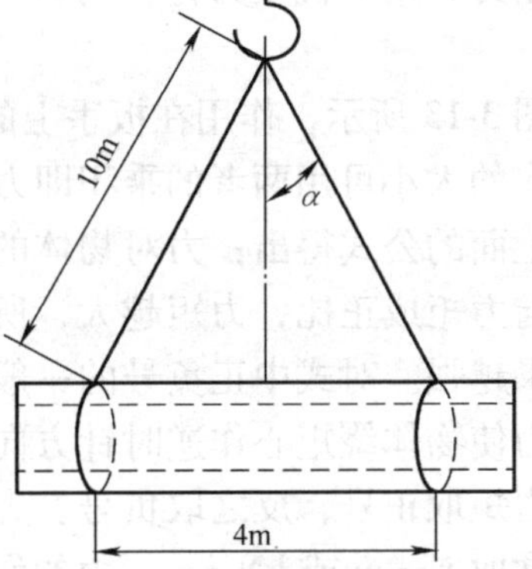

图　3-11

解：

$$\sin\alpha=\frac{2}{10}=0.2$$

$$\alpha=11°32'$$

$$F=\frac{G}{n\cos\alpha}$$

$$F=\frac{10000\text{N}}{2\times\cos 11°32'}\approx 5103.1\text{N}$$

所以每根吊索承受的拉力为5103.1N。

一般用 n 根钢丝绳吊装一重物，见图3-12，钢丝绳的承受力可按下式计算

$$F=\frac{G}{n\cos\alpha}\tag{3-1}$$

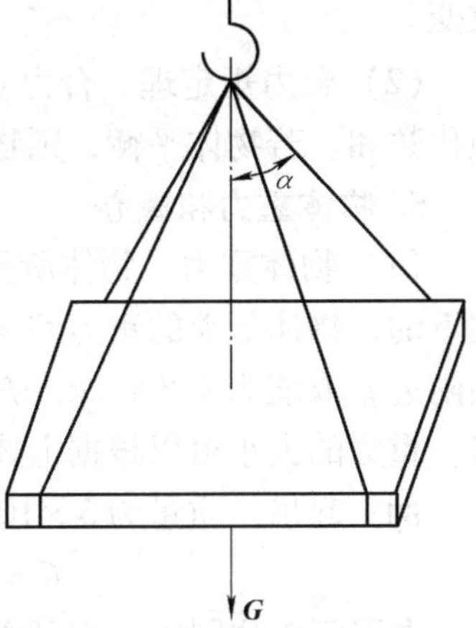

图　3-12

如果 $K_1=\frac{1}{\cos\alpha}$，则公式可写成 $F=K_1\frac{G}{n}$

式中 α——吊索与铅垂线间的夹角（°）；

G——吊物的重力（N）；

n——吊索的根数；

K_1——随吊索与吊垂线夹角 α 变化的系数，见表 3-1。

表 3-1 随角度变化的 K_1 值

α	0°	15°	20°	25°	30°	35°	40°	45°	50°	55°	60°
K_1	1	1.03	1.06	1.10	1.15	1.22	1.31	1.41	1.56	1.76	2

4. 力矩与合力矩定理

（1）力矩 力对物体的转动效果与作用力的大小以及力到转动中心的垂直距离有关。我们把力的大小与力作用线到转动中心的垂直距离乘积叫做力对点之矩，简称“力矩”，把转动中心叫矩心，把力的作用线到转动中心的垂直距离叫力臂。用 M 代表作用力矩，用 $\boldsymbol{F}$ 代表作用力，用 L 代表力臂，则有

$$M=\pm \boldsymbol{F}L \tag{3-2}$$

如图 3-13 所示，作用在扳手上的力为 $\boldsymbol{F}$，力臂为 L，力矩中心即矩心为 O，拧紧螺母的转动效应的大小可用两者的乘积即力矩 $\boldsymbol{F}L$ 来度量。

从上面的公式得出：力对物体的转动效果与力矩成正比，力矩越大，所产生的效果越强。对式中正负号的一般规定是：力使物体绕矩心作逆时针方向转动时，力矩取正号，反之取负号。力矩的单位常取 N · m 或 kN · m。力的作用线通过矩心 O 时，力矩为 0。力对任意一点之力矩，不因该力沿作用线移动而改变。

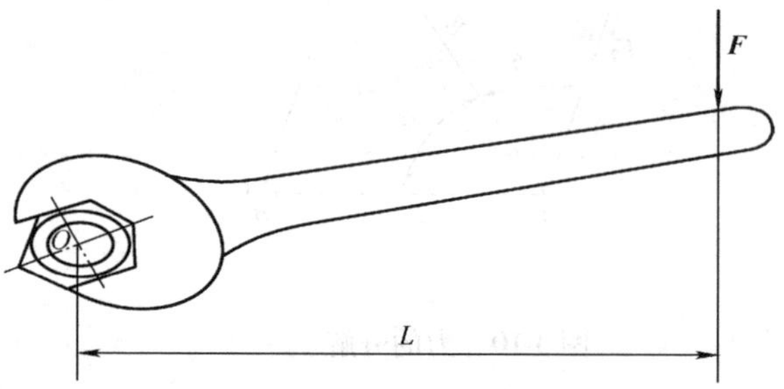

图 3-13 力矩

（2）合力矩定理 合力对平面内任意一点的力矩等于该力系中各分力对同一个点的力矩代数和。若物体平衡，则物体上任意一点的合力矩为 0。

5. 物体重力和重心

（1）物体重力 物体所受的重力是由于地球的吸引力而产生的。重力的方向总是垂直向下的，物体所受的重力 $\boldsymbol{G}$ 和物体的质量 m 成正比，用关系式 $\boldsymbol{G}=mg$ 表示。通常在地球表面附近 g 取值为 9.8N/kg，表示质量为 1kg 的物体受到的重力为 9.8N。在已知物体的质量时，重力的大小可以根据上述的公式计算出来。

例：起吊一质量为 5×10^3kg 的物体，其重力为

$$G=mg=5\times10^3\text{kg}\times9.8\text{N/kg}=4.9\times10^4\text{N}$$

在国际单位制中，力的单位是牛顿，简称“牛”，符号是“N”。与以前工程单位制采用的“公斤力”（kgf）的换算关系为

$$1\text{kgf} = 9.8\text{N} \approx 10\text{N}$$

（2）物体的重心

1）重心的概念。由于地球的引力，物体内部各质点都要受到重力的作用，各质点重力的合力作用点，即物体各部分重力的集中点就是物体的重心位置。如图3-14所示，*C*点为物体的重心。

在吊装施工中，了解物体的重心是极其重要的。只有确定被吊物体的重心位置，才能准确地选择好起吊点和绑挂方法。

如图3-15所示，有一长方形构件，现用一根绳起吊，先找出重心，然后将绳绑在与构件重心成一铅垂线上方的位置上，此时吊起时，构件可保持平衡。

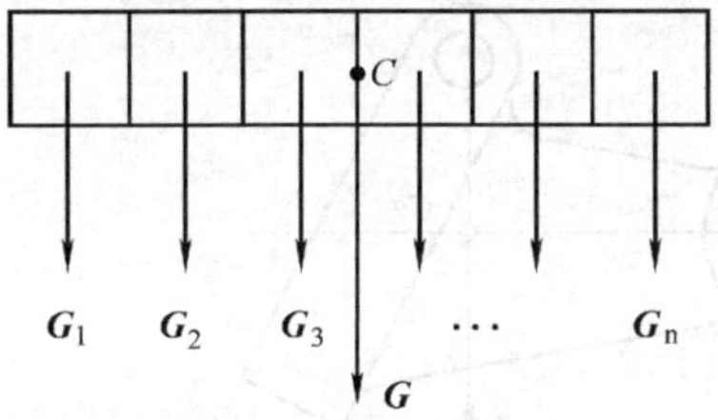

图3-14　物体的重心

图3-15　长方形构件吊装方法

2）重心位置的确定

①规则形状物体的重心。对于具有对称轴或对称中心的物体，其重心在该对称轴或对称中心上。如正方体或长方体，其重心位置在对角线的交点上；圆棒的重心在其中间截面的交点上；三棱体的重心在其中间截面三角形的三条中线的交点上，如图3-16所示。

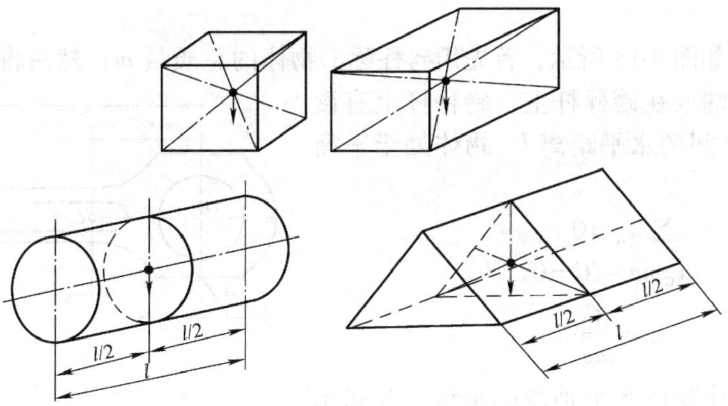

图3-16　规则形状物体的重心

对于由几个规则形状组成的物体，其重心位置需经过数学计算才能确定。

②不规则形状物体的重心。如果物体的形状是不规则的，可以将其分割成两个或两个以上的形状大致规则的部分，分别求出各部分的重心位置，然后根据力的合成法，求出整个物

体的重心位置。如果物体的形状复杂，一般常用实验的方法来确定物体的重心位置，如悬挂法和称重法。

a. 悬挂法。求如图 3-17 所示形状复杂的薄板的重心，首先将薄板悬挂在某一点 A，如图 3-17a 所示，根据二力平衡条件，重心应在通过悬挂点的铅垂线上，在板上标出铅垂线；再将此板悬挂于另一点 B，如图 3-17b 所示，再画出通过 B 点重心的另一根铅垂线；两线相交点 C 就是所求重心位置。

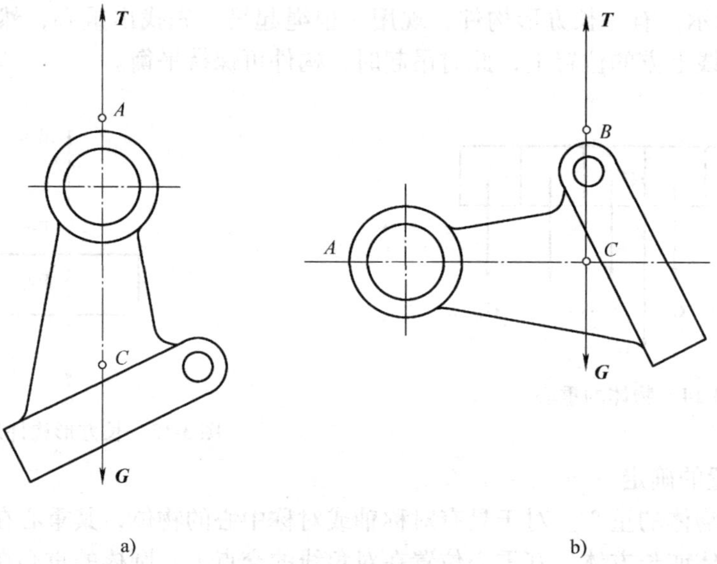

图 3-17　悬挂法确定物体重心

b. 称重法。如图 3-18 所示，首先用磅秤称出物体的总质量 m；然后将物体的一端放在支点 A 上，另一端放在磅秤杆上，磅秤杆上有读数 G，测量出 AB 间的水平距离 l，物体处于平衡状态，则有

$$\sum M_A = 0$$

$$-x_C mg + lG = 0$$

$$x_C = \frac{lG}{mg}$$

再通过 A 点作物体水平轴线的垂线，并和水平轴线相交于 O 点，使 $OC = x_C$，则可找出重心 C 点的位置。

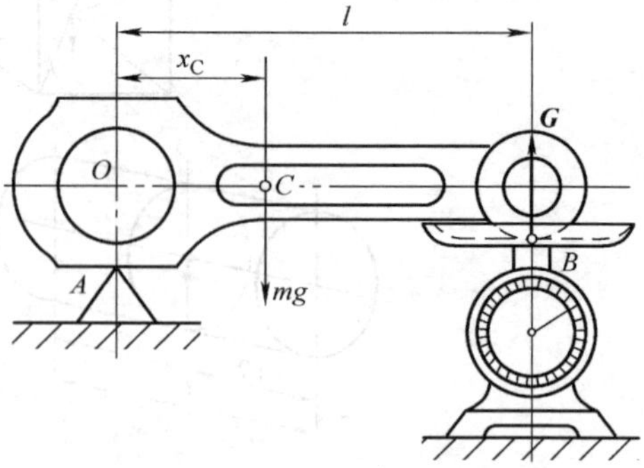

图 3-18　称重法确定物体重心

三、任务实施

能够正确地对起吊物体进行受力分析，确定物体的重心位置。

任务二　物体质量的确定方法

技能点

- 能够正确地计算物体的面积和体积。
- 能够正确计算物体的质量和重力。
- 能够正确估算物体的质量。

知识点

- 面积和体积的计算。
- 质量和重力的计算。
- 质量的估算。

安全要点

- 正确计算物体的质量及重力，防止超载事故的发生。

一、任务分析

在起吊搬运各种设备或重物时，首先应该知道被起吊、搬运的设备或重物的重力，根据设备或重物的重力和外形等情况选择合适的起重机械，确定合理的施工方案。这样，就要求每个起重司索指挥人员都应掌握有关的面积、体积、密度、质量、重力及单位等基本概念和简单的计算方法。

二、相关专业知识

1. 物体面积的计算

它主要用于施工吊装运输场地的平面布置以及桅杆的树立位置等，常见几何形状的面积计算公式见表 3-2。

表 3-2　常见几何形状的面积（A）计算公式

名　称	几何图形	计算公式
正方形	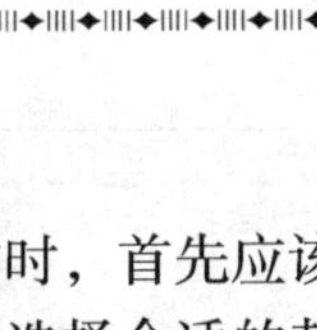	$A=a^2$
长方形	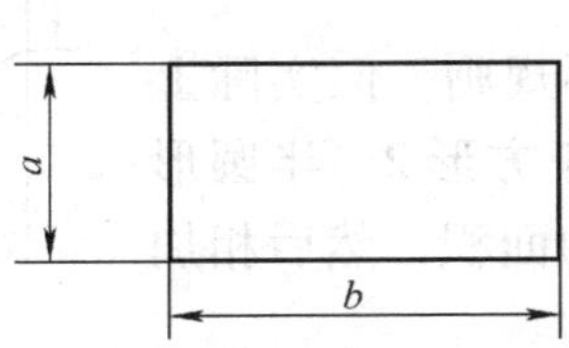	$A=ab$

（续）

名　　称	几何图形	计算公式
平行四边形	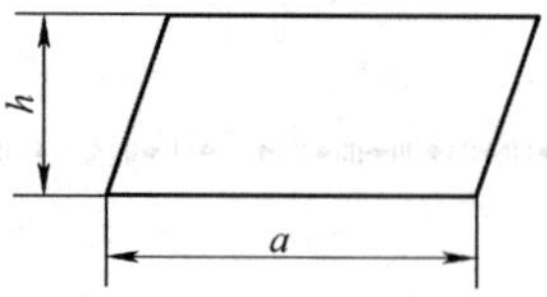	$A = ah$
三角形	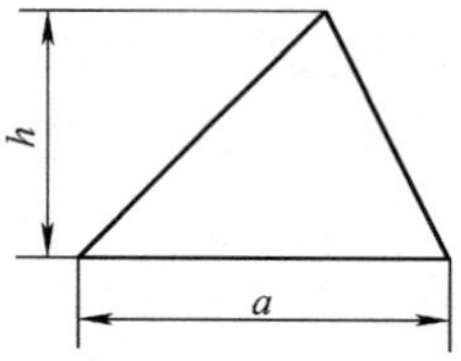	$A = \frac{1}{2}ah$
梯形	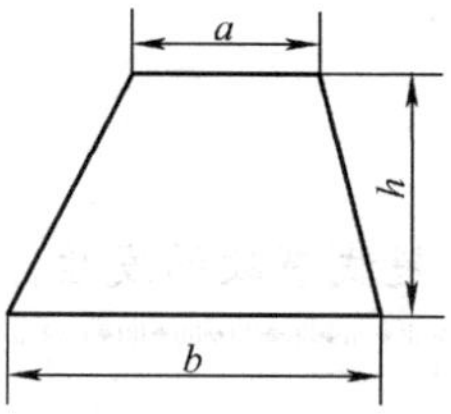	$A = \frac{1}{2}(a+b)h$
圆形		$A = \pi r^2 = \frac{\pi}{4}d^2$ 式中　r—圆的半径
圆环形	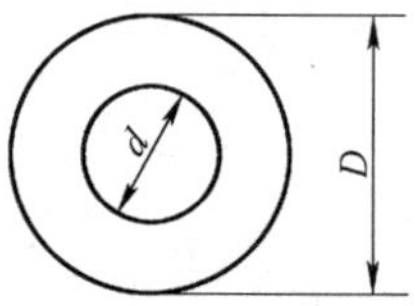	$A = \pi(R^2 - r^2) = \frac{\pi}{4}(D^2 - d^2)$ 式中　r、R—圆环内外半径
扇形	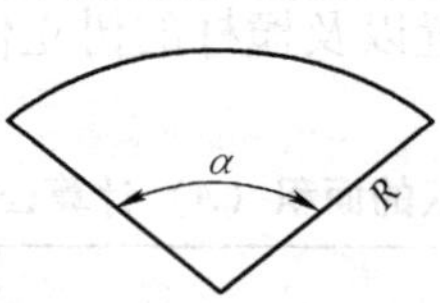	$A = \frac{\pi R^2 \alpha}{360}$

在实际工作中，遇到的设备或物体不一定是我们上面所介绍的几种规则形状，往往是不规则的几何形状居多。当遇到不规则形状的物体时，我们可以把它们分割成几种规则或近似规则的图形，分别计算出结果，然后相加得到总面积。

例：如图3-19所示的图形，看上去不规则，但实际上是由三个规则形状的图形组成，梯形1、正方形2、半圆形3。在计算面积时，可分别计算三个图形的面积，然后相加即可。

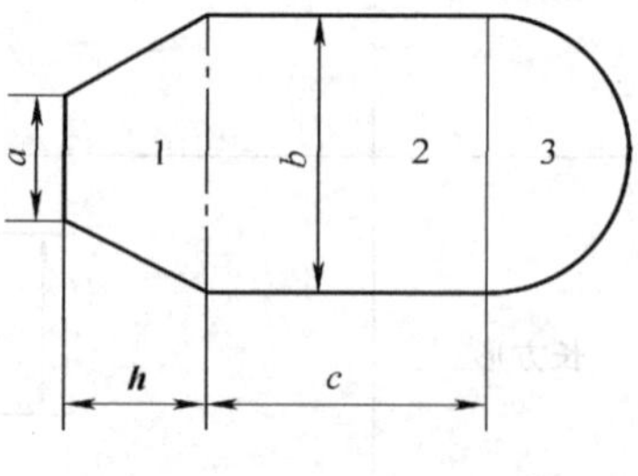

图　3-19

解：设：$a=0.6\text{m}$，$b=1\text{m}$，$h=0.5\text{m}$，$c=1\text{m}$

梯形面积　　$A_1=\frac{1}{2}(a+b)h=\frac{1}{2}(0.6\text{m}+1\text{m})\times 0.5\text{m}=0.4\text{m}^2$

正方形面积　　$A_2=bc=1\text{m}\times 1\text{m}=1\text{m}^2$

半圆形面积　　$A_3=\left(\frac{1}{4}\pi b^2\right)\div 2=\left(\frac{1}{4}\times 3.14\times 1\text{m}^2\right)\div 2=0.3925\text{m}^2$

总面积　　$A=S_1+S_2+S_3=0.4\text{m}^2+1\text{m}^2+0.3925\text{m}^2=1.7925\text{m}^2$

2. 体积计算

要计算物体的质量，就需要知道物体的体积。几种常见的几何体的体积计算公式列在表3-3中。

计算公式：$1\text{m}^3=1000000\text{cm}^3=10^6\text{cm}^3$

遇到组合体时，可分块计算再求和。

表3-3　各种常见几何体体积（V）计算公式

名　称	几何图形	计算公式
正方形	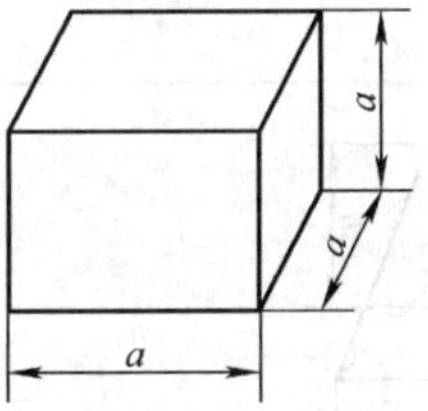	$V=a^3$
长方体	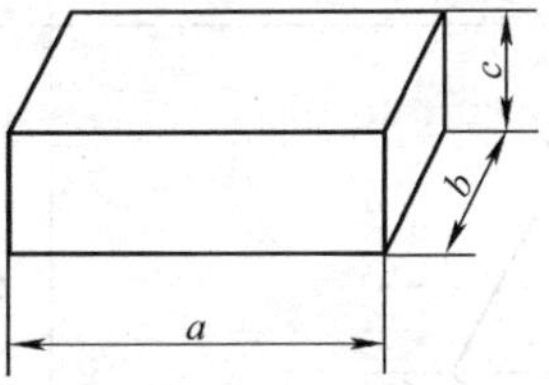	$V=abc$
圆柱体	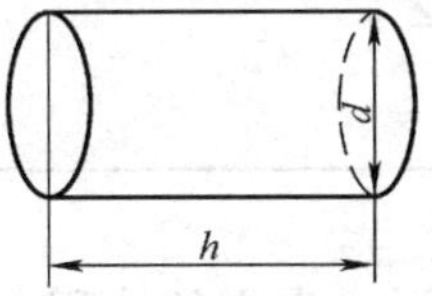	$V=\pi r^2h=\frac{\pi}{4}d^2h$ 式中 r—半径
空心圆柱体	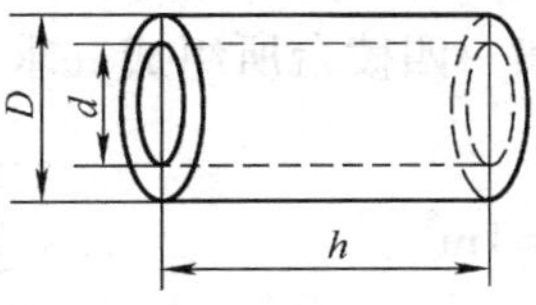	$V=\pi(R^2-r^2)h=\frac{\pi}{4}(D^2-d^2)h$ 式中 r、R—圆柱内外半径
球体	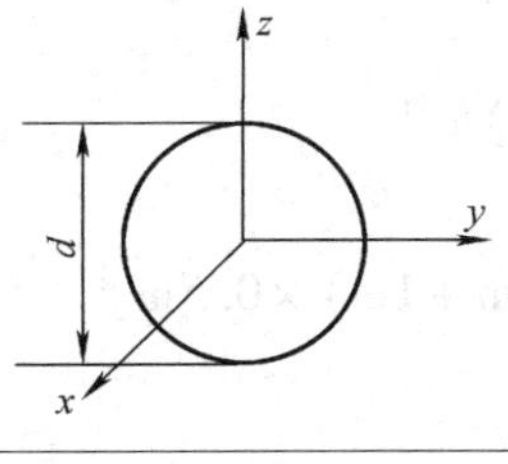	$V=\frac{4}{3}\pi R^3=\frac{\pi}{6}d^3$ R—球半径

（续）

名　称	几何图形	计算公式
圆台体	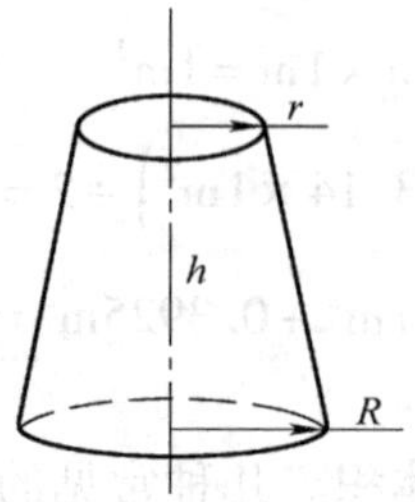	$V=\frac{1}{3}\pi h(R^2+r^2+Rr)$
正圆锥体	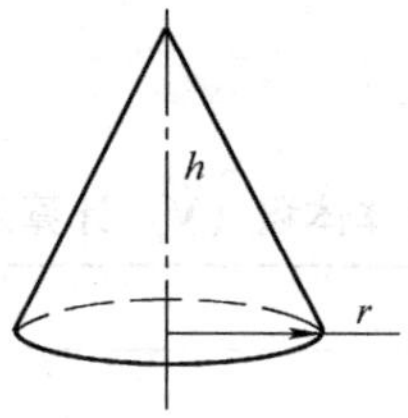	$V=\frac{1}{3}\pi r^2 h$
任意三棱体	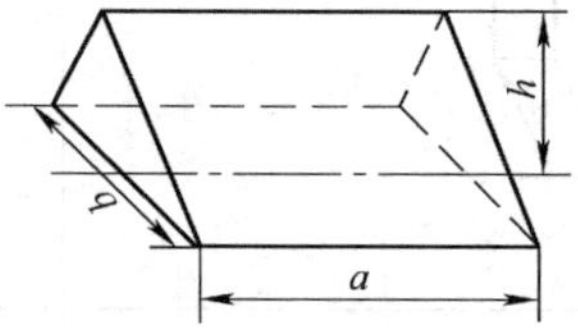	$V=\frac{1}{2}abh$
四棱体	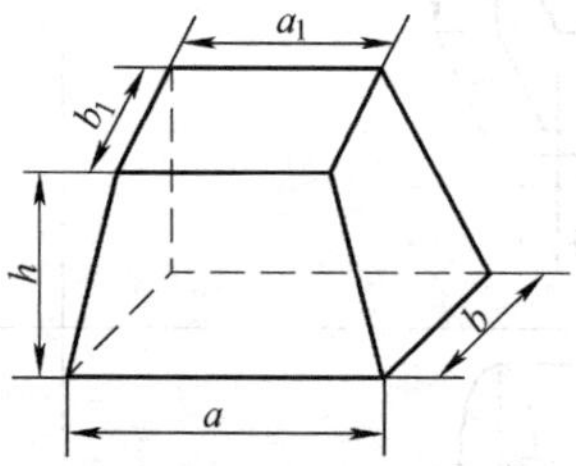	$V=\frac{h}{6}[(2a+a_1)b+(2a_1+a)b_1]$（估算公式）

例：有一物体，其外形尺寸如图3-20所示，求它的体积。

解：从图中可知，物体是由一长方体和一四棱台所组成，求其体积时，可分别计算出长方体和四棱台的体积。

长方体体积：$V_1=abh=1\text{m}\times1\text{m}\times1\text{m}=1\text{m}^3$

四棱台体积：

$$V_2=\frac{h_1}{6}[(2a+a_1)b+(2a_1+a)b_1]$$

$$V_2=\frac{0.6}{6}[(2\times1\text{m}+0.5\text{m})\times1\text{m}+(2\times0.5\text{m}+1\text{m})\times0.5\text{m}]$$

$$=0.35\text{m}^3$$

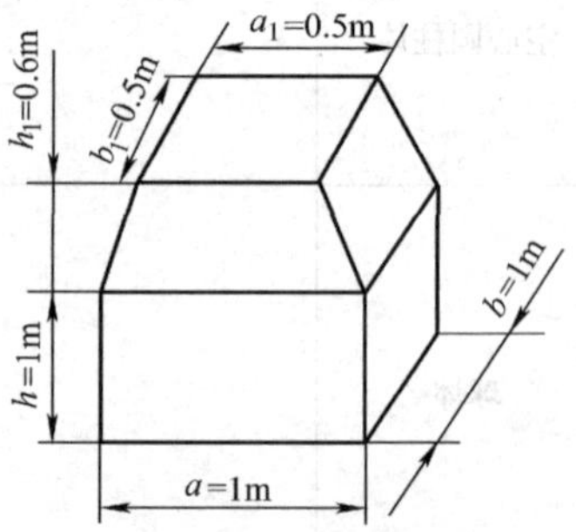

图　3-20

$$V = V_1 + V_2 = 1\text{m}^3 + 0.35\text{m}^3 = 1.35\text{m}^3$$

3. 物体质量的计算

（1）密度　计算物体质量时，必须知道物体材料的密度。所谓密度就是指某种物体单位体积内所具有的质量，其单位是 kg/m^3（千克/米^3），各种常用物体的密度及每立方米体积的质量见表 3-4。

表 3-4　各种常用物体的密度及每立方米的质量表

物体材料	密度 /(kg/m^3)	每立方米体积的质量 /t	物体材料	密度 /(kg/m^3)	每立方米体积的质量 /t
钢、铸钢	7.85×10^3	7.85	混凝土	2.4×10^3	2.4
铸铁	$(7.2\sim7.5)\times10^3$	7.2~7.5	碎石	1.6×10^3	1.6
铸铜、镍	$(8.6\sim8.9)\times10^3$	8.6~8.9	水泥	$(0.9\sim1.6)\times10^3$	0.9~1.6
铅	11.34×10^3	2.7	砖	$(1.4\sim2.0)\times10^3$	1.4~2.0
铝	2.7×10^3	11.34	煤	$(0.6\sim0.8)\times10^3$	0.6~0.8
铁矿	$(1.5\sim2.5)\times10^3$	1.5~2.5	焦炭	$(0.35\sim0.53)\times10^3$	0.35~0.53
木材	$(0.5\sim0.7)\times10^3$	0.5~0.7	石灰石	$(1.2\sim1.5)\times10^3$	1.2~1.5
黏土	1.9×10^3	1.9	造型砂	$(0.8\sim1.3)\times10^3$	0.8~1.3

（2）物体质量的计算　物体的质量等于构成该物体的材料密度与体积的乘积，其表达公式为

$$m = \rho V \tag{3-3}$$

式中　m——物体的质量（kg）；

ρ——物体的材料密度（kg/m^3）；

V——物体的体积（m^3）。

例：起重机的料斗如图 3-21 所示，它的上口长为 1.2m，宽为 1m，下底面长 0.6m，宽 0.5m，高为 1.5m，试计算满斗型砂的质量。

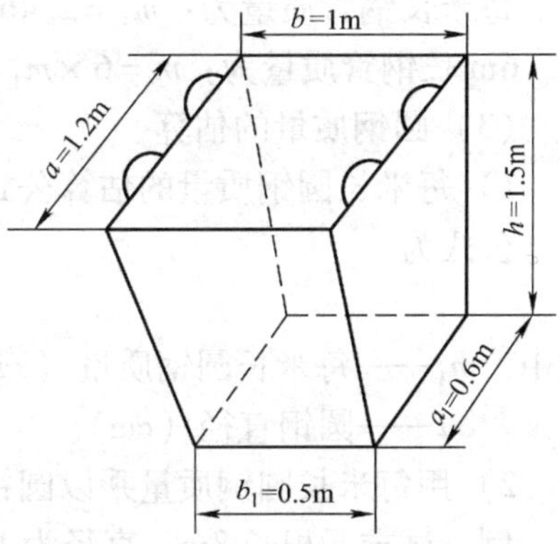

图　3-21

解：查表 3-4 得知型砂的密度：

$$\rho = 1.1\times10^3\text{kg/m}^3$$

计算料斗的体积：

$$V_2 = \frac{h}{6}[(2a + a_1)b + (2a_1 + a)b_1]$$

$$V = \frac{1.5}{6}[(2\times1.2\text{m} + 0.6\text{m})\times1\text{m} + (2\times0.6\text{m} + 1.2\text{m})\times0.5\text{m}] = 1.05\text{m}^3$$

计算型砂的质量：

$$m = \rho V = 1.1\times10^3\text{kg/m}^3\times1.05\text{m}^3 = 1.155\times10^3\text{kg}$$

4. 质量的估算

吊装作业中，在没有详细资料的情况下多数采用估算方法来确定物体的质量。为了安全起见，估算物体质量，一般须略大于实际质量。

（1）钢板质量的估算　在估算钢板质量时，只需记住每平方米钢板 1mm 厚时的质量为 7.8kg，就可以方便地进行计算，其具体估算步骤如下：

1）先估算出钢板的面积。

2）再将估出钢板的面积乘以 7.8kg，得到该钢板每毫米厚的质量。

3）然后再乘以该钢板的厚度，得到该钢板的质量。

例：求长 5m，宽 2m，厚 10mm 的钢板质量。

解：①该钢板的面积为：

$$5 \times 2 = 10\text{m}^2$$

②钢板每毫米厚质量为：

$$10 \times 7.85 = 78.5\ (\text{kg})$$

③10mm 厚钢板质量为：

$$78.5 \times 10 = 785\ (\text{kg})$$

（2）钢管质量的估算

1）先求每米长的钢管质量：

公式为

$$m_1 = 2.46 \times \text{钢管壁厚} \times (\text{钢管外径} - \text{钢管壁厚}) \tag{3-4}$$

式中　m_1——每米长钢管的质量（kg）；

钢管外径及壁厚的单位：厘米（cm）。

2）再求钢管全长的质量。

例：求一根长 6m，外径为 100mm，壁厚为 10mm 的钢管质量。

解：100mm = 10cm；10mm = 1cm

每米长钢管质量为：$m_1 = 2.46 \times 1 \times (10 - 1) = 22.14$（kg）

6m 长钢管质量为：$m = 6 \times m_1 = 6 \times 22.14 = 132.84$（kg）

（3）圆钢质量的估算

1）每米长圆钢质量的估算公式：

公式为

$$m_1 = 0.6123d^2 \tag{3-5}$$

式中　m_1——每米长圆钢质量（kg）；

d——圆钢直径（cm）。

2）用每米长圆钢质量乘以圆钢长度，得出圆钢的总质量。

例：试求一根长 8m，直径为 10cm 的圆钢质量。

解：①每米长圆钢质量为：$m_1 = 0.6123 \times 10^2 = 61.23$（kg）

②8m 长圆钢质量为：$m = 8 \times m_1 = 8 \times 61.23 = 489.84$（kg）

（4）等边角钢质量的估算

1）每米长等边角钢的质量估算公式为

$$m_1 = 1.5 \times \text{角钢边长} \times \text{角钢厚度} \tag{3-6}$$

式中，m_1 为每米长等边角钢的质量（kg）；角钢边长及壁厚单位为：厘米（cm）。

2）用每米长角钢质量乘以角钢长度，得出角钢的总质量。

例：求 3m 长，50mm×50mm×6mm 等边角钢的质量。

解：50mm = 5cm；6mm = 0.6cm

①每米长等边角钢的质量为：$m_1 = 1.5 \times 5 \times 0.6 = 4.5$（kg）

②3m 长等边角钢质量：$m = 3 \times m_1 = 3 \times 4.5 = 13.5$（kg）

课题四　起重吊点的选择及物体的绑扎

任务一　起重吊点的选择

技能点

- 在吊装各种物体时，能够正确选择起重吊点。

知识点

- 物体的稳定性。
- 物体吊点的选择原则。
- 吊装物体的绑扎方法。

安全要点

- 避免物体的倾斜、翻倒、转动。

一、任务分析

在吊装各种物体时，为避免物体的倾斜、翻倒、转动，应根据物体的形状特点、重心位置，正确选择起重吊点，使物体在吊运过程中有足够的稳定性，以免发生事故。

二、相关专业知识

1. 物体的稳定

起重吊运作业中，物体的稳定应从两方面考虑：

1）物体放置时应保证有可靠的稳定性，如图 4-1 所示。

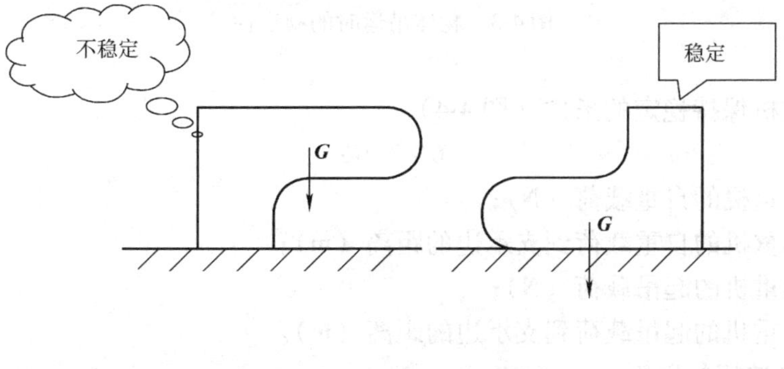

图 4-1　放置物体时的稳定性

放置物体时存在支承面的平衡稳定问题。如图 4-2 所示，长方形物体竖放时，不同位置上的不同受力分析。

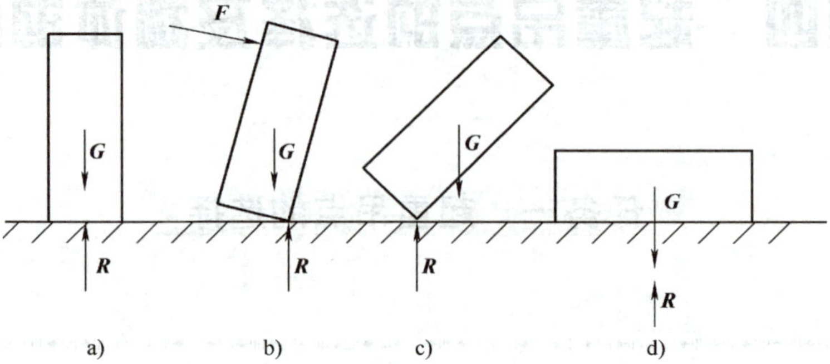

图 4-2　长方形物体放置时的四种状态

长方形物体在图 4-2a 所示的状态时，重力 **G** 作用线通过物体重心与支反力 **R** 处于平衡状态；在图 4-2b 所示的状态时，在 **F** 力的作用下，稍有倾斜，但重力 **G** 的作用线未超过支承面，此时三个力形成平衡状态，如果去掉 **F** 力，物体就会恢复到原来位置；在图 4-2c 所示的状态时，物体倾斜到重力 **G** 作用线超过支承边缘支反力 **R** 时，即使不再施加 **F** 力，物体也会在重力 **G** 与支反力 **R** 形成的力矩作用下倾倒，即失稳状态。由此可见，要使原来处于稳定平衡状态的物体，在重力作用下翻倒，必须使物体的重力作用线超出支承面；如果将物体改为平放，见图 4-2d，其重心降低了很多，再使其翻倒就不容易了，这说明加大重物的支承面积，降低重物的重心，能有效提高物体的稳定性。

2）物体吊运过程中应有可靠的稳定性。吊运物体时，为防止提升、运输过程中物体发生翻转、摆动、倾斜，应使吊点和被吊物重心在同一条铅垂线上，如图 4-3 所示。

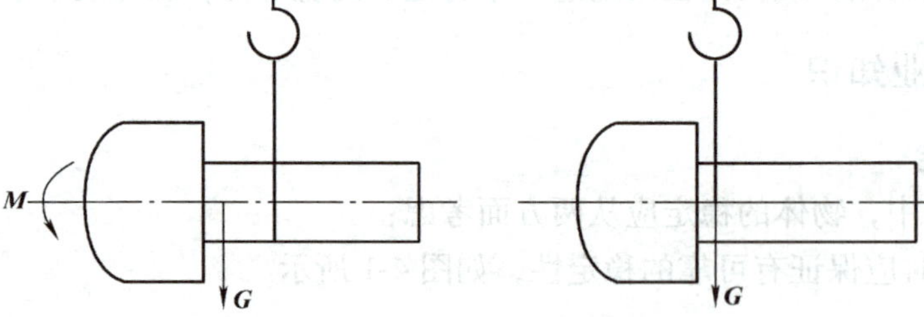

图 4-3　物体吊运时的稳定性

流动式起重机保持稳定的条件（图 4-4）

$$G'a > Gb$$

式中　G'——起重机的自重载荷（N）；

a——起重机的自重载荷到支承边的距离（m）；

G——起重机的起吊载荷（N）；

b——起重机的起吊载荷到支承边的距离（m）。

2. 物体吊点选择的原则

（1）试吊法选择吊点　估计物件重心位置，采用低位试吊的方法来逐步找到重心，确定吊点的绑扎位置。

（2）有起吊耳环物件的吊点　有起吊耳环的物件使用耳环作为连接物体的吊点，在吊装前应检查耳环是否完好，必要时可加保护性辅助吊索，如图 4-5 所示。

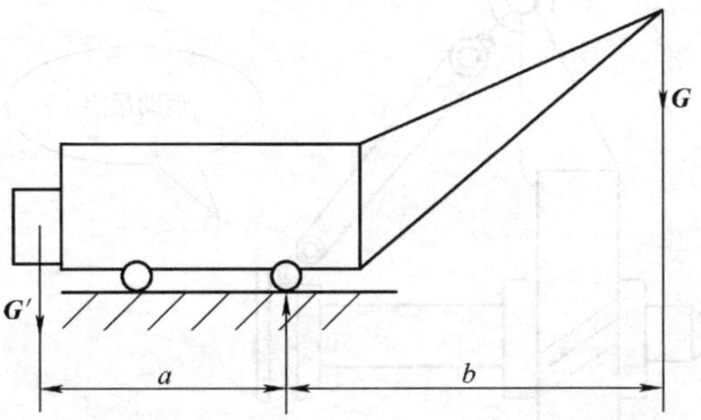

图 4-4　流动式起重机稳定性示意图

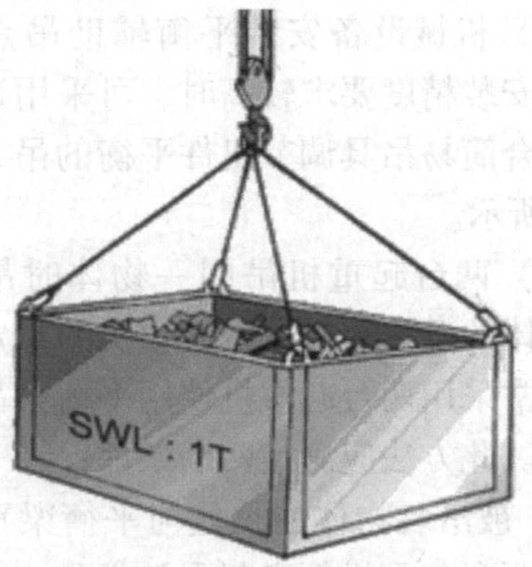

图 4-5　使用起吊耳环作为吊点

（3）长形物体吊点的选择　对于长形物体，若采用竖吊，则吊点应在重心之上。用一个吊点时，吊点位置应在距起吊端 0. 3l（l 为物体长度）处，如图 4-6a 所示。

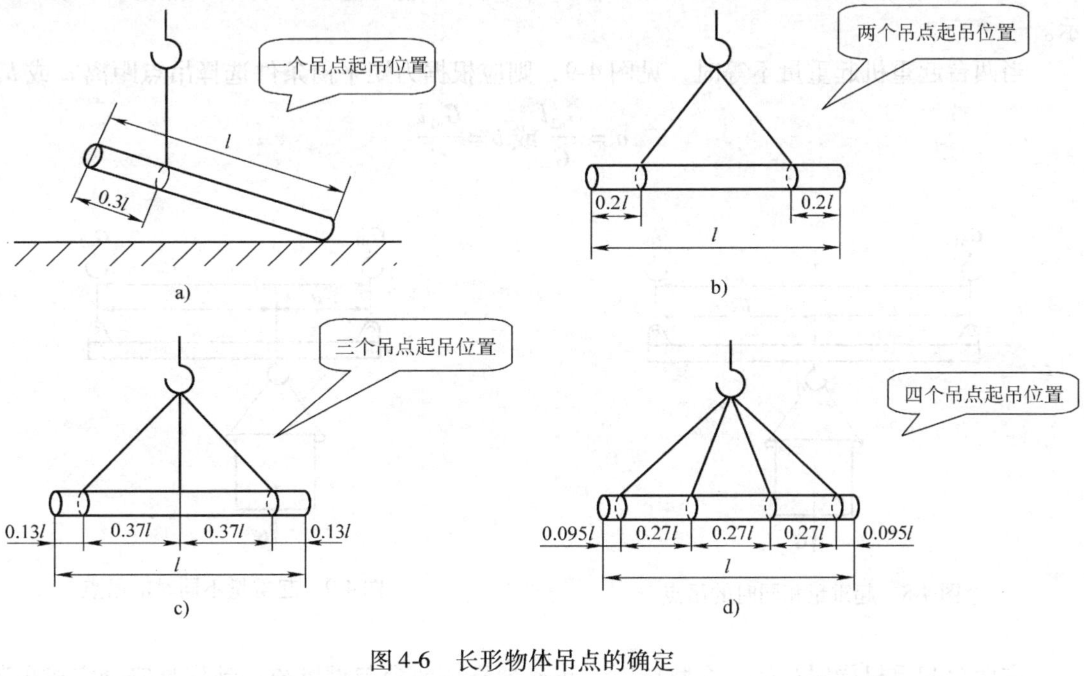

图 4-6　长形物体吊点的确定

如采用两个吊点时，吊点距物体两端的距离为 0. 2l 处，如图 4-6b 所示。

采用三个吊点时，其中两端的吊点距两端的距离为 0. 13l，而中间吊点的位置应在物体重心，如图 4-6c 所示。

采用四个吊点时，两端的两个吊点距两端的距离为 0. 095l，中间两个吊点的距离为 0. 27l，如图 4-6d 所示。

（4）方形物体吊点的选择　吊装方形物体一般采用四个吊点，四个吊点位置应选在边对称的位置上。吊点应与吊物重心在同一条铅垂线上，使吊物处于稳定平衡状态。注意防止吊物在提升时发生滑动或滚动。

（5）机械设备安装平衡辅助吊点　在机械设备安装精度要求较高时，可采用选择辅助吊点配合简易吊具调节机件平衡的吊装法，如图4-7所示。

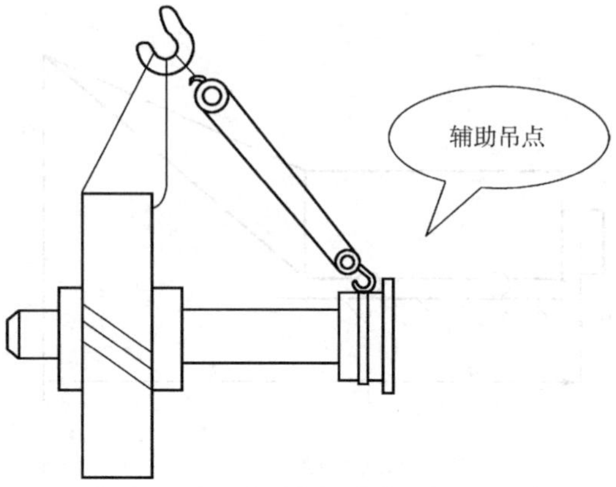

图4-7　机械设备安装平衡辅助吊点

（6）两台起重机吊同一物体时吊点的选择　物体的重量超过一台起重机的额定起重量时，通常采用两台起重机使用平衡梁吊运物体的方法。此方法应满足两个条件：

1）被吊装物体的重量与平衡梁重量之和应小于两台起重机额定起重量之和，并且每台起重机的起重量应留有1.2倍的安全系数。

2）利用平衡梁合理的分配载荷，使两台起重机均不超载。

当两台起重机起重量相等时，即 $G_{n1}=G_{n2}$，则吊点应选在平衡梁中点处，如图4-8所示。

当两台起重机起重量不等时，见图4-9，则应根据力矩平衡条件选择吊点距离 a 或 b。

$$a=\frac{G_{n2}l}{G}\text{或 }b=\frac{G_{n1}l}{G}$$

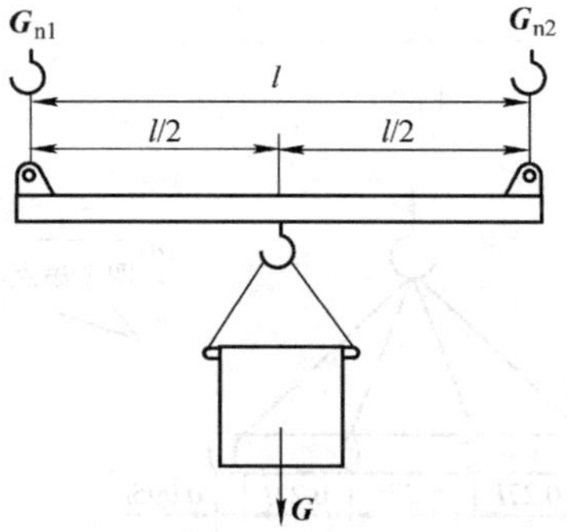

图4-8　起重量相同时的吊点

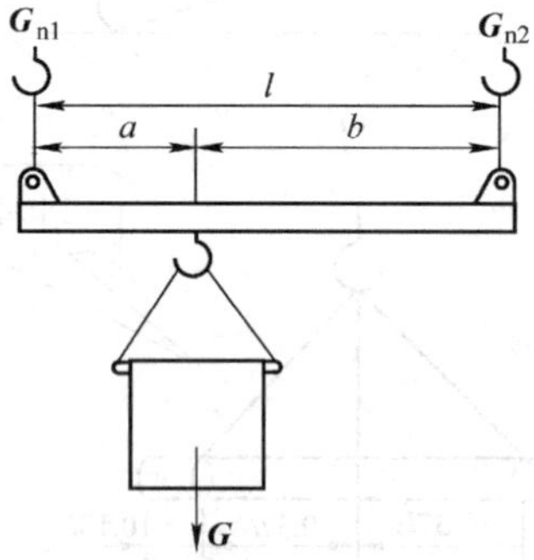

图4-9　起重量不同时的吊点

在两台起重机同时吊运一个物体时，正确地指挥两台起重机统一动作是安全完成吊装工作的关键。

（7）物体翻转吊点的选择　兜翻是常见的物体翻转方法，将吊点选择在物体重心之下，见图4-10a；或将吊点选择在物体重心一侧，见图4-10b。物体兜翻时应根据需要加护绳，护绳的长度应略长于物体不稳定状态时的长度，同时应指挥吊车，使吊钩顺向移动，避免物体倾倒后的碰撞冲击。

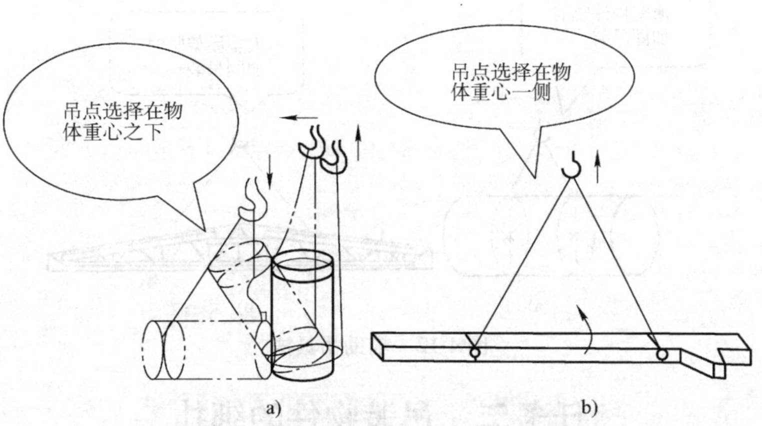

图 4-10　物体兜翻

对于大型物体翻转，一般采用绑扎后利用几组滑轮或主副钩或两台起重机在空中完成翻转作业。翻转绑扎时，应根据物体的重心位置、形状特点选择吊点，使物体在空中能顺利安全翻转。

例：用主副钩对大型封头的空中翻转，在略高于封头重心且相隔 180°的位置上选两个吊装点 *A* 和 *B*，在略低于封头重心与 *A*、*B* 中线垂直的位置上选一吊点 *C*，主钩吊 *A*、*B* 两点，副钩吊 *C* 点，起升主钩使封头处在翻转作业空间内。副钩上升，用改变其重心的方法使封头开始翻转，直至封头重心越过 *A*、*B* 点，翻转完成 135°时，副钩再下降，使封头回到水平位置，至此便完成了封头 180°空中翻转作业，如图 4-11 所示。

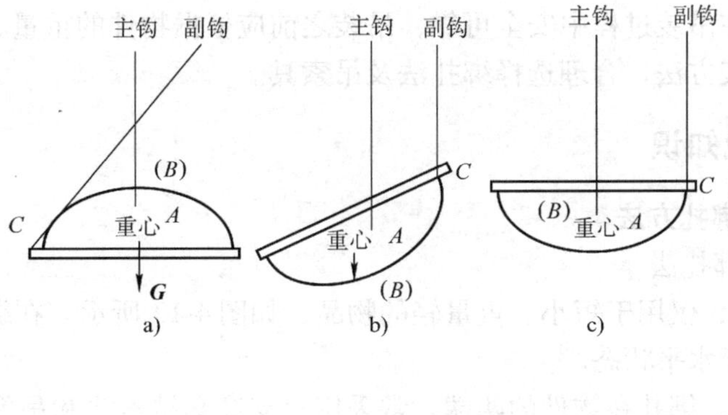

图 4-11　封头翻转 180°

a）选点挂钩　b）主钩不动副钩上升　c）降副钩至水平

物体翻转或吊运时，每个吊环、节点所承受的力应满足安全吊运的受力需要。吊装大直径薄壁型物件和大型桁架结构时，应特别注意所选择的吊点是否能满足被吊物件整体刚度或构件结构的局部稳定性要求，避免起吊后发生由整体变形或局部变形而造成的物件损坏。对于这些物件应采用临时加固法或采用辅助吊具法，如图 4-12 所示。

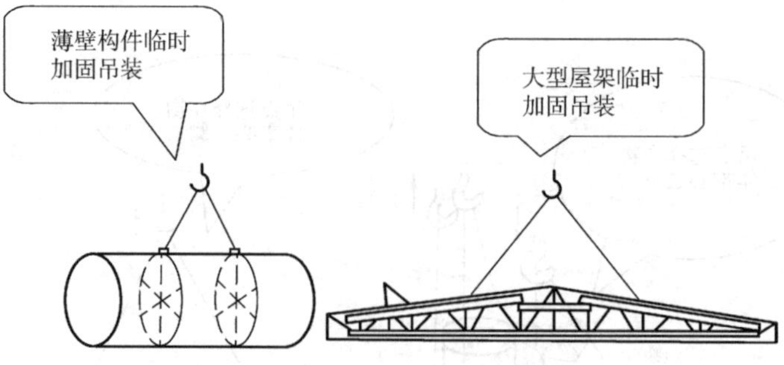

a)　　　b)

图 4-12　辅助吊具法

任务二　吊装物件的绑扎

技能点

- 能够合理选择绑扎法及吊索具。

知识点

- 各种物体的绑扎方法。

安全要点

- 防止吊物松动。

一、任务分析

为了保证物件在吊装过程中安全可靠，吊装之前应根据物件的重量、外形特点、精密程度、安装要求、吊装方法，合理选择绑扎法及吊索具。

二、相关专业知识

1. 柱形物体的绑扎方法

（1）平行吊装绑扎法

1）用一个吊点，仅用于短小、重量轻的物品，如图 4-13 所示。在绑扎前应找准物件的重心，使被吊物处于水平状态。

2）用两个吊点，绑扎在物件的两端，常采用双支穿套结索法和吊篮式结索法，如图 4-14 所示。

（2）垂直斜形吊装绑扎法　垂直斜形吊装绑扎法多用于物件外形尺寸较长、对物件安装有特殊要求的场合。其绑扎点多为一点绑法（也可两点绑扎）。绑扎位置在物体端部，绑扎时应根据物件重量选择吊索和卸扣，并采用双圈或双圈以上穿套结索法，防止物件吊起后发生滑脱，如图 4-15 所示。

2. 长方形物体绑扎方法

通常采用平行吊装两点绑扎法。如果物件重心居中可不用绑扎，采用兜挂法直接吊装，如图 4-16 所示。

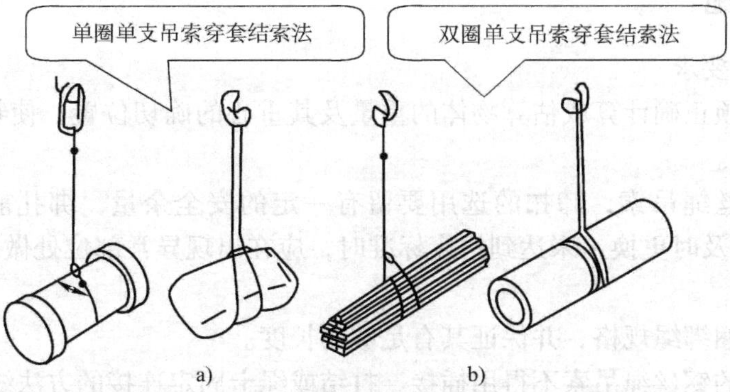

图 4-13　单双圈穿套结索法

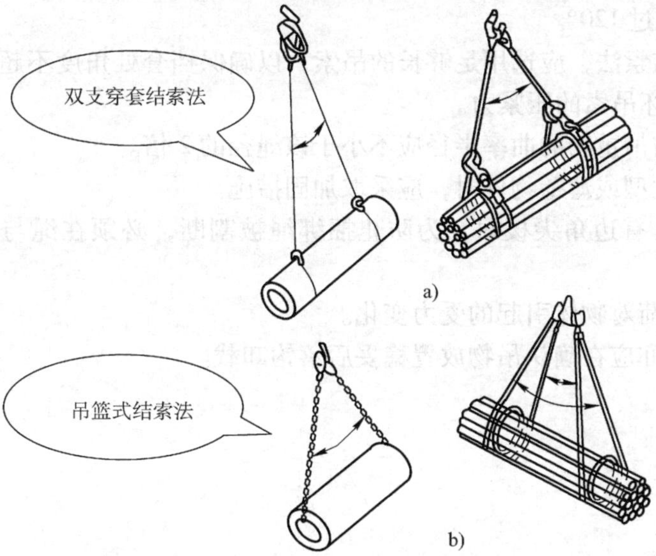

图 4-14　双支穿套及吊篮式结索法

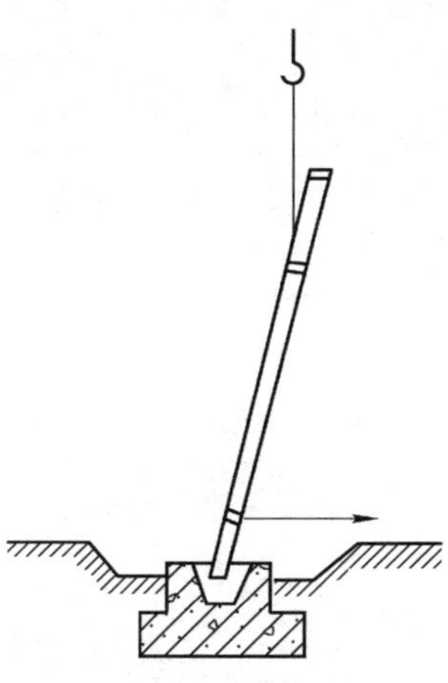

图 4-15　垂直吊装绑扎

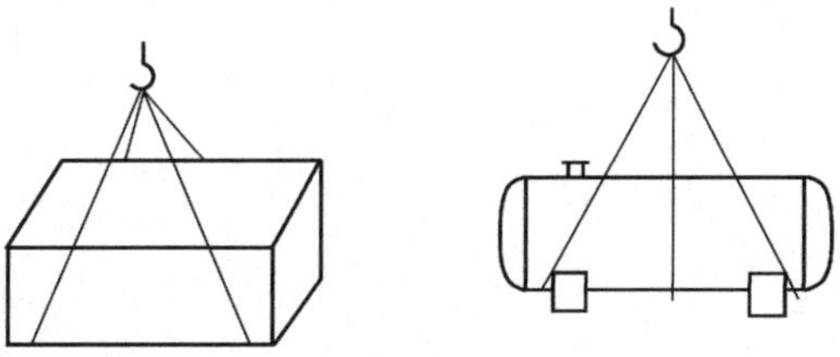

图 4-16　兜挂法

三、任务实施

绑扎物体安全要求

1）绑扎前必须正确计算或估算物体的重量及其重心的确切位置，使物体的重心置于捆绑绳吊点范围之内。

2）绑扎用钢丝绳吊索，卸扣的选用要留有一定的安全余量，绑扎前必须进行严格检查，如发现损坏应及时更换，未达到报废标准时，应在出现异常部位处做出明显标记，作为继续检查的重点。

3）严格检查捆绑绳规格，并保证其有足够的长度。

4）用于绑扎的钢丝绳吊索不得用插接、打结或绳卡固定连接的方法缩短或加长。

5）绑扎后的钢丝绳吊索提升重物时，各分支受力应均匀，分支间夹角一般不应超过90°，最大时不得超过120°。

6）采用穿套结索法，应选用足够长的吊索，以确保挡套处角度不超过120°，且在挡套处不得向下施加损坏吊索的压紧力。

7）吊索绕过被吊重物的曲率半径应不小于该绳径的2倍。

8）绑扎吊运大型或薄壁物件时，应采取加固措施。

9）当被吊物具有边角尖棱时，为防止捆绑绳被割断，必须在绳与被吊物体间垫厚木块。

10）注意风载荷对物体引起的受力变化。

11）卸载时，亦应在确认吊物放置稳妥后落钩卸载。

课题五　索具、工具及设备的使用

任务一　麻绳的使用

技能点

- 能够安全使用及维护保养麻绳。

知识点

- 麻绳的用途、特点、种类。

安全要点

- 严禁超负荷使用、防止绳索松动及破断。

一、任务分析

在起重作业中，麻绳是常用的绳索，它的正确选择及安全使用非常重要。

二、相关专业知识

1. 麻绳的特点

1）优点：麻绳的质地柔韧、轻便、易于捆绑、结扣及解脱方便。

2）缺点：麻绳的强度较低，磨损较快，受潮后易腐烂。

2. 麻绳的用途（见图 5-1）

3. 麻绳的种类

1）吕宋绳：抗拉力和抗扭力强，滤水速度快，富有弹性，耐摩擦，不易折断，适用于水中和陆地作业。

2）白棕绳：易磨损，易受机械损伤，易受潮湿及腐蚀性介质的侵蚀，在机械驱动和移动的起重作业中，严禁使用。但它挠性好，成本低，可用于起重辅助作业，吊运小件或捆绑物件。

3）混合绳：拉力大于白棕绳，但韧性差，有胶质，遇水易腐蚀，不宜在水中使用。

三、任务实施

麻绳的正确使用方法

（1）麻绳的切断　如图 5-2 所示，切断前，在切断处的两侧用细麻绳或细钢丝扎紧，以免绳股松散。用细麻绳扎紧时，需紧绕 3 ~ 4 圈，而后打结；当用细钢丝时，绕两圈用钢丝钳将细钢丝拉紧后拧紧，如图 5-3 所示。

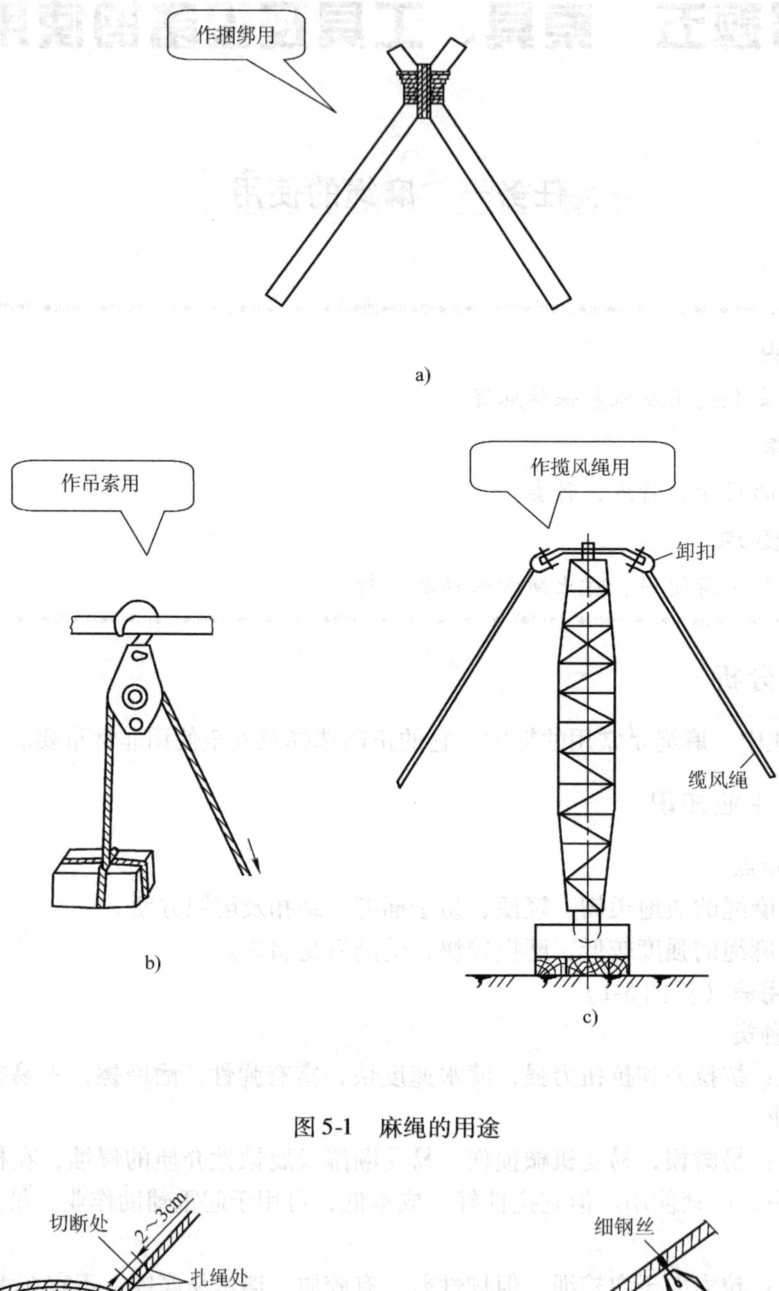

图 5-1　麻绳的用途

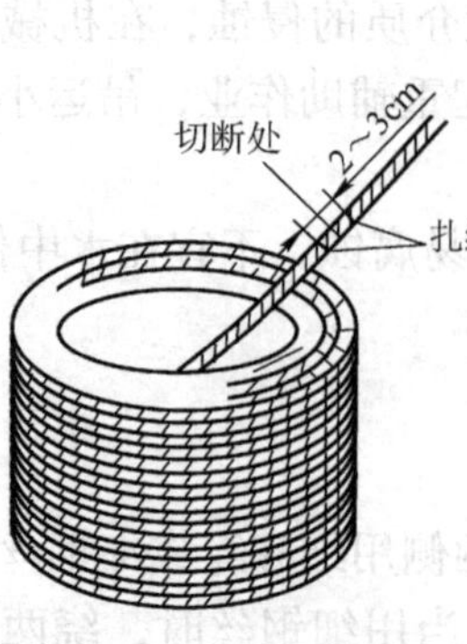

图 5-2　麻绳切断时的捆绑

图 5-3　用钢丝钳将细钢丝扎紧

（2）麻绳的打结 绳索在使用过程中打成各式各样的绳结，常用的方法参见表5-1。

表5-1 白棕绳的结绳法

序号	绳结名称	简图	用途及特点
1	直结（又称平结、交叉结、果子扣）	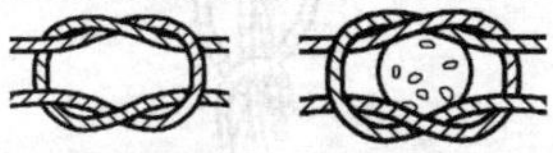	用于白棕绳两端的连接，连接牢固，中间放一短木棒易解
2	活结	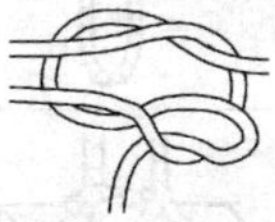	用于白棕绳需要迅速解开时
3	组合法（又称单帆索结，三角扣及单绕式双插结）		用于白棕绳的连接。比直结易结、易解
4	双重组合结（又称双帆结、多绕式双插结）		用于白棕绳两端有拉力时的连接。绳结牢靠
5	套连环结		将白棕绳与吊环连接在一起时用
6	海员结（又称琵琶结、航海结、滑子扣）	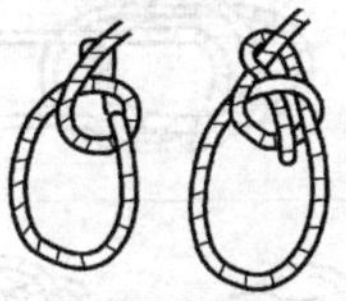	用于白棕绳绳头的固定，系结杆件或拖拉物件。绳结牢靠，易解，拉紧后不出死结
7	双套结（又称锁圈结）		用途同上，也可做吊索用。结绳牢固可靠，结绳迅速，解开方便
8	梯形结（又称八字扣、猪蹄扣、环扣）	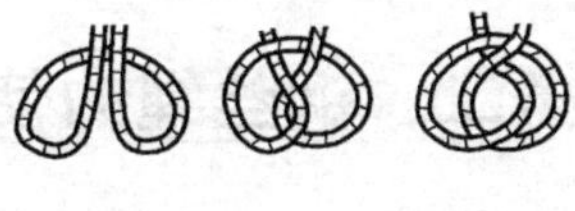	在人字及三角桅杆拴拖拉绳，可在绳中段打结，也可抬吊重物。绳圈易扩大和缩小。绳结牢靠又易解
9	拴住结（锚桩结）	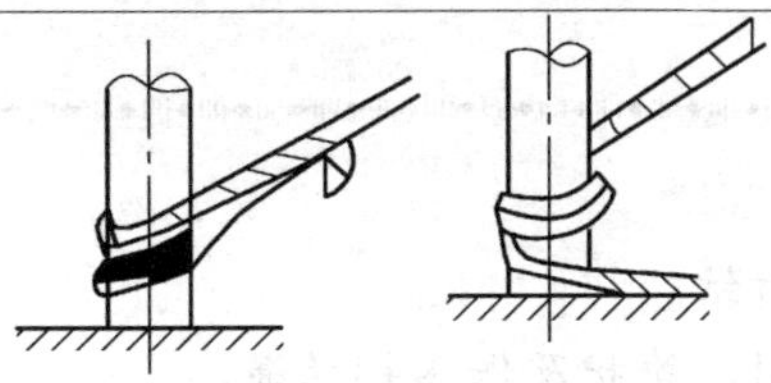	（1）用于缆风绳固定端绳结 （2）用于溜松绳结，可以在受力后慢慢放松，且活头应放在下面
10	双梯形结（又称鲁班结）	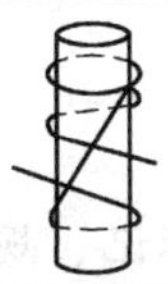	主要用于拔桩及桅杆绑扎缆风绳等，绳结紧且不易松脱
11	单套结（又称十字结）		固定绳索用
12	双套结（又称双十字结、对结）	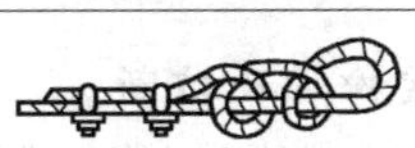	用于绳端固定

（续）

序号	绳结名称	简 图	用途及特点
13	抬扣（又称杠棒结）	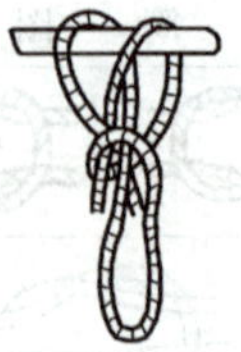	以白棕绳搬运轻量物件时用，抬起重物时绳自然缩紧。结绳、解绳迅速
14	死结（又称死圈扣）	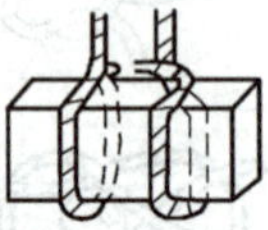	用于重物吊装捆绑，方便牢固安全
15	水手结	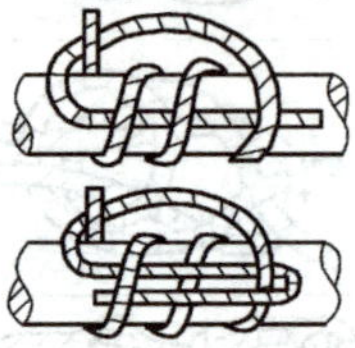	用于吊索直接系结杆件起吊。可自动勒紧，容易解开绳索
16	瓶口结	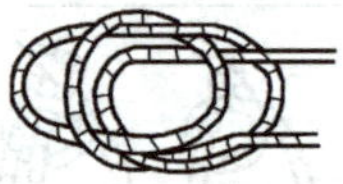	用于拴绑起吊圆柱形杆件，特点是愈拉愈紧
17	桅杆结		用于竖立桅杆，牢固可靠
18	抬缸结	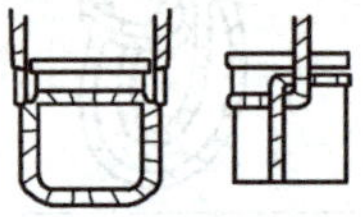	用于抬缸或吊运圆物件

任务二　钢丝绳的使用

技能点

- 能够正确用钢丝绳打结。
- 能够正确选用、使用、维护及保养钢丝绳。
- 能够正确使用钢丝绳卡。

知识点

- 钢丝绳的用途、性能、种类、标记、规格。
- 钢丝绳的受力计算。

安全要点

- 严禁超负荷使用，防止绳索松动及破断。

一、任务分析

钢丝绳的规格、型号较多，选用及使用保养得当与否，对钢丝绳的使用寿命及起重作业的安全有着直接的影响。因此，要根据起重作业的具体情况正确选择钢丝绳的品种和规格，使选择的钢丝绳既符合使用要求，又经济合理、安全可靠。

二、相关专业知识

1. 钢丝绳的用途（图5-4）

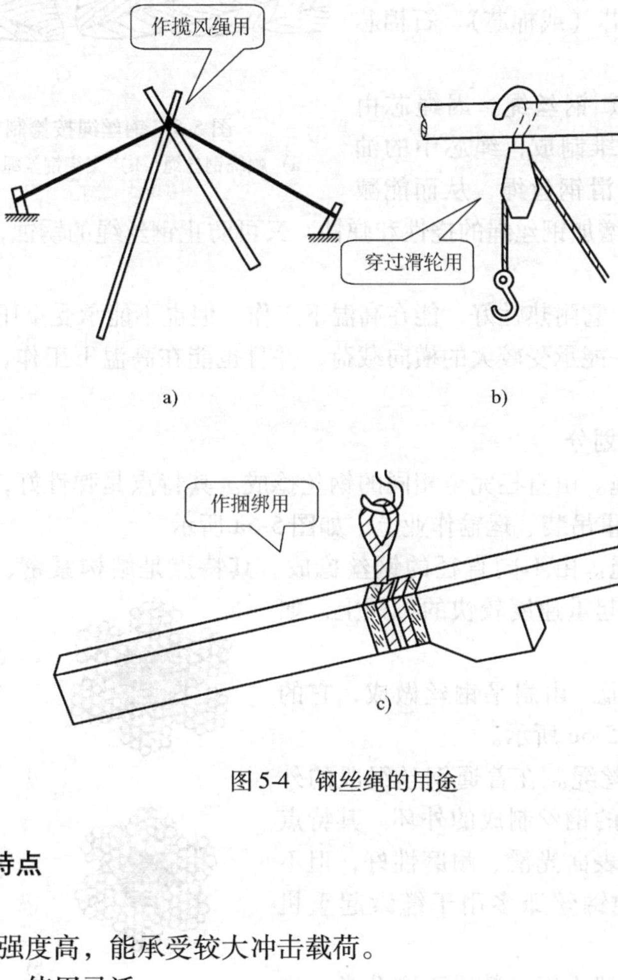

图5-4　钢丝绳的用途

2. 钢丝绳的特点

（1）优点

1）重量轻，强度高，能承受较大冲击载荷。

2）挠性较好，使用灵活。

3）磨损后，外表会产生很多毛刺，易于检查。破断前有断丝预兆，且整根钢丝绳不会立即断裂。

4）起重作业用钢丝绳成本较低。

（2）缺点　刚性较大，不易弯曲。

3. 钢丝绳的种类

（1）按捻制的方向或外形分类

1）顺绕钢丝绳。其特征是钢丝绕成股和股捻成绳的方向相同。顺绕钢丝绳的优点是挠性大，钢丝磨损小，但有自行扭转和松散易于压扁等缺点，如图 5-5a 所示。

2）交绕钢丝绳。其特征是钢丝绕成股和股捻成绳的方向相反。交绕钢丝绳的特点是不易松散和压扁，在起重机械中用得最广，如图 5-5b 所示。

3）混绕钢丝绳。其特征是相邻层股的绕捻方向是相反的。它具有前两种钢丝绳的优点，如图 5-5c 所示。

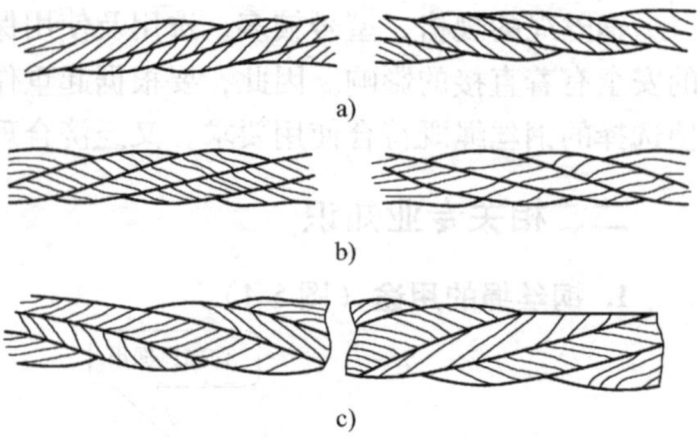

图 5-5　钢丝绳按捻制方法分类

a）顺绕钢丝绳　b）交绕钢丝绳　c）混绕钢丝绳

（2）按绳芯材料分类　钢丝绳按绳芯材料的不同，一般分为麻芯（或棉芯）、石棉芯和钢丝芯三种。

1）麻芯（或棉芯）钢丝绳。因绳芯由浸油的剑麻、棉纱等纤维制成，绳芯中的油能从绳的内部渗出并润滑钢丝绳，从而能减小钢丝绳间的摩擦力，增加钢丝绳的挠性和弹性，又可防止钢丝绳的锈蚀，但不能在较高温度下工作或承受重压。

2）石棉芯钢丝绳。它耐热性好，能在高温下工作，但也不能承受重压。

3）钢丝芯钢丝绳。能承受较大的横向载荷，并且也能在高温下工作，但太硬，不易弯曲。

（3）按结构的不同划分

1）普通结构钢丝绳。由直径完全相同的钢丝捻成。其特点是弹性好，易于绑扎，但强度稍差，多用于一般起重吊装、运输作业上，如图 5-6a 所示。

2）混合结构钢丝绳。由不同直径的钢丝捻成。其特点是结构紧密、强度高、耐磨性好，但价格较高，用于起重速度较快的机械上，如图 5-6b 所示。

3）扁平结构钢丝绳。由扁平钢丝做成，它的外形近似于圆形，如图 5-6c 所示。

4）封闭式结构钢丝绳。在普通钢丝绳股的外表上包一层由一定形状的钢丝制成的外环。其特点是结构紧密、强度高、表面光滑、耐磨性好，但不宜弯曲，柔性差。这种钢丝绳多用于缆索起重机上，如图 5-6d 所示。

（4）按绳股数和每股中钢丝数量不同分类　实际工作中，常以股数和丝数来表示钢丝绳的规格，例如常用普通结构钢丝绳中分为 6×7、7×7、6×19、6×37、6×61 等种类（前者数字表示股数，后者数字表示每股丝数）。

钢丝绳中钢丝越细越不耐磨，但比较柔软，弹性较好；钢丝越粗越耐磨，但比较硬，不易弯曲，故应视用途不同选用。

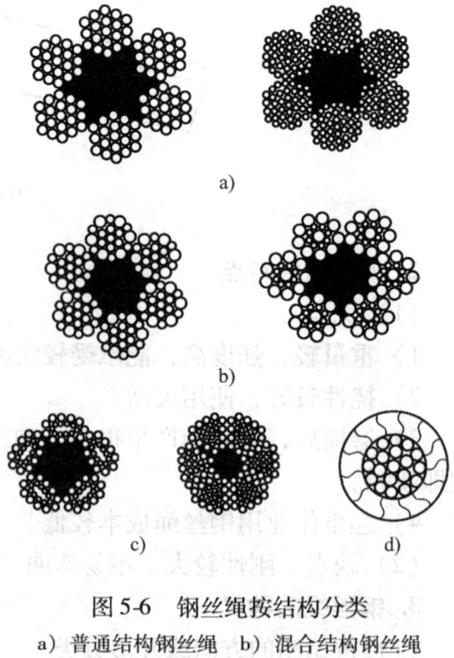

图 5-6　钢丝绳按结构分类

a）普通结构钢丝绳　b）混合结构钢丝绳

c）扁平结构钢丝绳　d）封闭式钢丝绳

4. 钢丝绳受力计算

国家标准 GB 8918—2006《重要用途钢丝绳》和 GB/T 20118—2006《一般用途钢丝绳》中对钢丝绳受力的计算有着明确的规定，工作者可参照这两个标准进行计算或选取。

三、任务实施

1. 钢丝绳的选择

根据起重吊装作业的实际需要，一般情况下，对钢丝绳的选用可考虑为：

（1）6×19 钢丝绳　用作缆风绳、拉索及制作起重吊索索具，一般用于受弯曲载荷较小或遭受磨损的地方。

（2）6×37 钢丝绳　用于起重作业中捆扎各种物件及穿绕滑轮组，制作起重用吊索索具、绳索受弯曲时采用。

（3）6×61 钢丝绳　用于绑扎各类物件，绳索刚性较小，易于弯曲，用于受力不大的地方。

2. 钢丝绳的使用和保养

（1）钢丝绳的打结（图 5-7）

（2）使用钢丝绳的安全注意事项

1）不要超负荷使用钢丝绳，应在允许的负荷下作业。

2）应避免和物件的尖棱锐角直接接触，如图 5-8 所示。

3）在使用中应避免扭结，如图 5-9 所示。

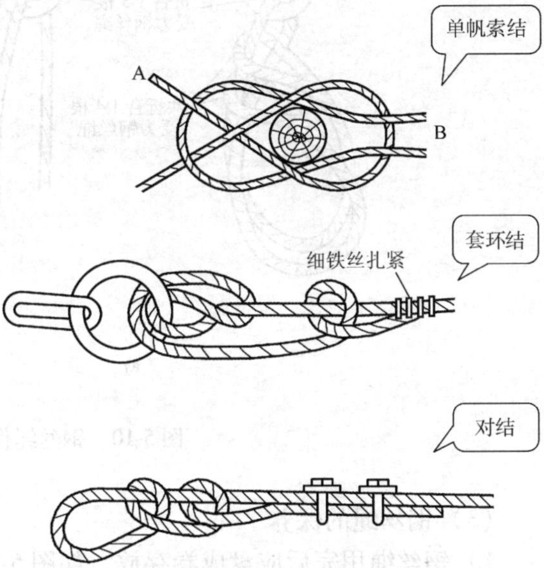

图 5-7　钢丝绳的打结

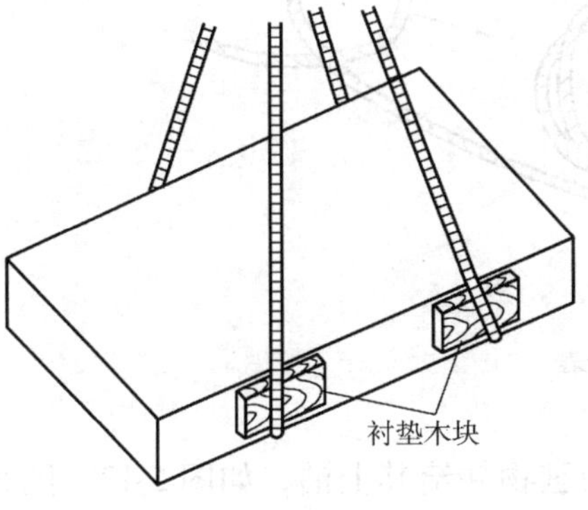

图 5-8　钢丝绳应避免和物件的尖棱接触

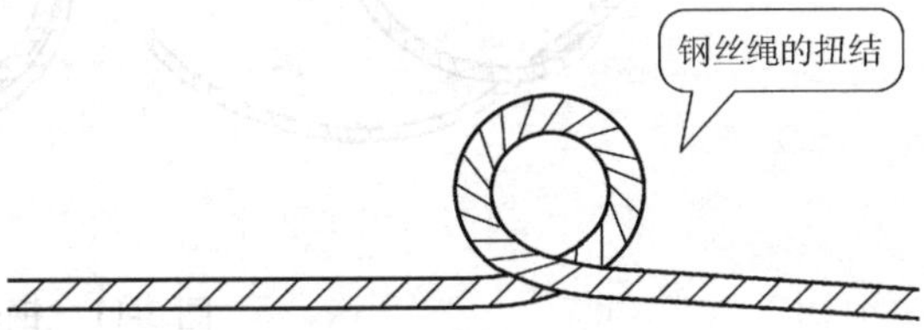

图 5-9　钢丝绳的扭结

4）根据钢丝绳的磨损、腐蚀、断丝或变形情况，正确判断钢丝绳的新旧程度，合理使用钢丝绳。

5）钢丝绳的绳头应用细钢丝扎紧，以免在使用过程中散股。

6）在使用中钢丝绳不能和电线接触，不能和其他硬物摩擦，也不能穿过已经破损的滑轮。

7）尽量避免打死结，以免使钢丝绳产生永久变形，降低承载能力和使用寿命。

8）用钢丝绳吊运高温物件时，应采取隔热措施。

9）在使用中，应尽量减小钢丝绳的弯曲程度。在与滑轮或卷筒配用时，卷筒或滑轮的直径至少比钢丝绳的直径大 16 倍。

10）钢丝绳作吊索使用时，起重量会受到一定影响，如图 5-10 所示。

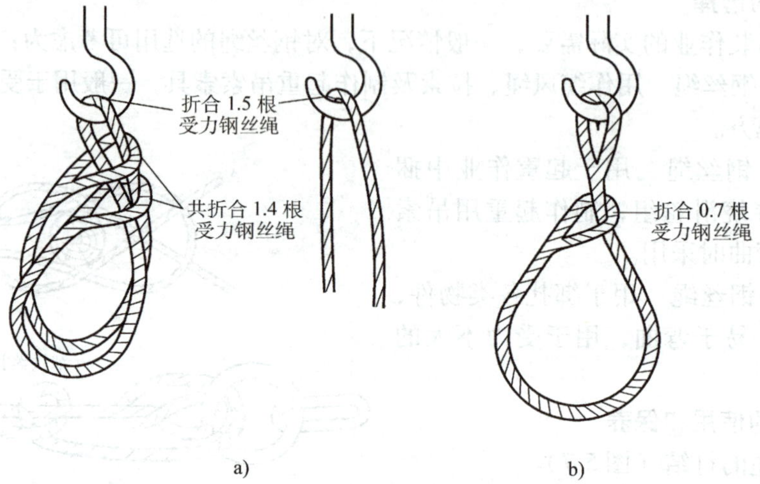

图 5-10　钢丝绳作吊索时的折算关系

（3）钢丝绳的保养

1）钢丝绳用完后应盘成卷存放，如图 5-11 所示。

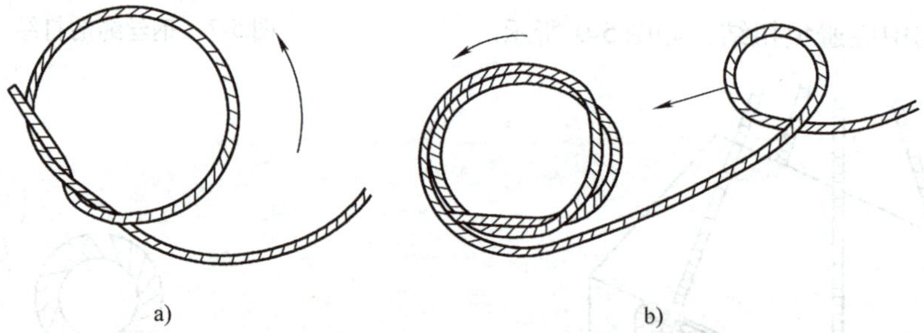

图 5-11　钢丝绳的盘卷

2）钢丝绳在使用一段时间后，必须清除钢丝绳的脏物并给其上油，如图 5-12、图 5-13 所示。

3. 钢丝绳的报废标准

1）钢丝绳每一节距（图 5-14）长度内断丝根数超过表 5-2 内所列数值时，则应报废。

2）钢丝绳断股、芯子外漏，钢丝绳直径相对公称直径减小 7% 或更大时，即使未发现断丝也应报废。

3）钢丝（不是钢丝绳）的磨损或锈蚀程度达到或超过钢丝直径 40% 时应报废。达不到 40% 时，可按表 5-3 所列数值折减系数报废。

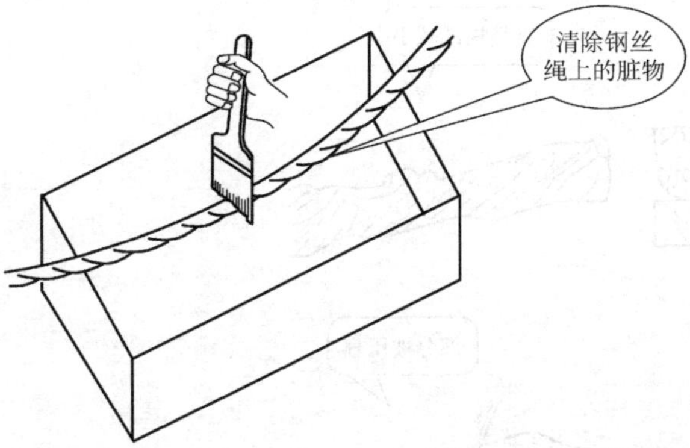

图 5-12　清除钢丝绳上的脏物

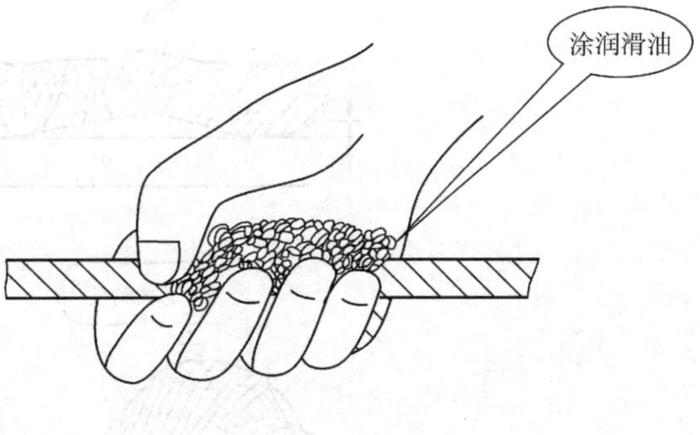

图 5-13　钢丝绳涂润滑油

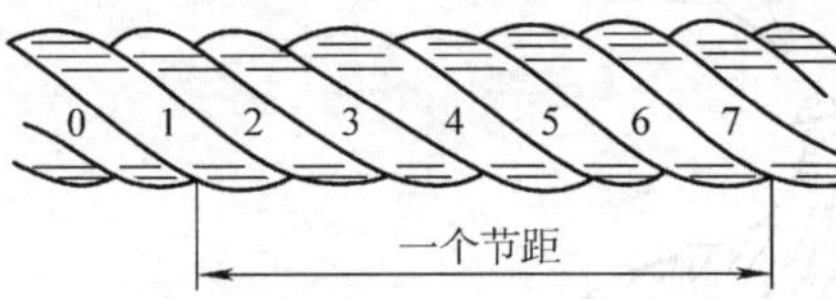

图 5-14　钢丝绳的一个节距

表 5-2　钢丝绳断丝报废标准

断丝数 / 安全系数	每一节距长度内断丝数					
	6×19，6×19=144 丝，一个有机绳芯		6×37，6×37=222 丝，一个有机绳芯		6×61，6×61=366 丝，一个有机绳芯	
	交绕	顺绕	交绕	顺绕	交绕	顺绕
6 以下	12	6	22	11	36	18
6～7	14	7	26	13	38	19
7 以上	16	8	30	15	40	20

表 5-3　折 减 系 数

钢丝表面磨损量或锈蚀量(%)	10	15	20	25	30～40	大于 40
折减系数(%)	85	75	70	60	50	0

4）吊运赤热金属或危险品的钢丝绳，报废断丝数取通用起重机用钢丝绳断丝数的一半，其中包括钢丝绳表面磨损或腐蚀折减。

5）如果断丝紧靠在一起形成局部聚集，则钢丝绳应报废。

6）如果出现整股绳股的断裂，则钢丝绳应报废。

7）当确认钢丝绳有严重的内部腐蚀时，则钢丝绳应立即报废。

8）当钢丝绳表面因腐蚀而出现深坑，钢丝相当松弛时应报废。

9）钢丝绳的弹性显著减少，虽未发现断丝，但钢丝绳明显的不易弯曲和直径减小，这样会导致其在动载作用下突然断裂，故应立即报废。

10）发现和图中变形损坏相同者，如图 5-15 所示，应报废。

4. 钢丝绳卡的使用方法

1）在起重作业中，钢丝绳卡主要用于钢丝绳末端的固定，如图 5-16 所示。骑马式钢丝绳卡如图 5-17 所示。

2）钢丝绳卡使用安全要求

①一般钢丝绳卡的尺寸以大于钢丝绳直径 1mm 左右为佳。

②将钢丝绳放好后，先拧紧首尾两个绳卡，然后再拧紧其他的绳卡，如图 5-18 所示。

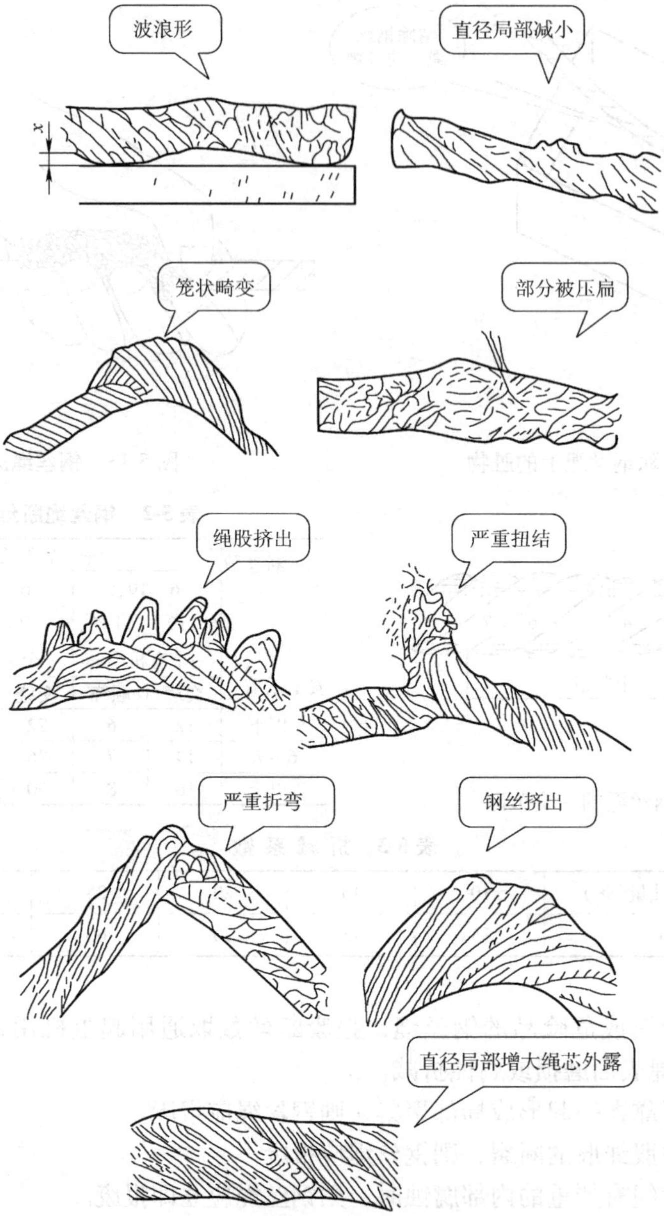

图 5-15　钢丝绳的变形

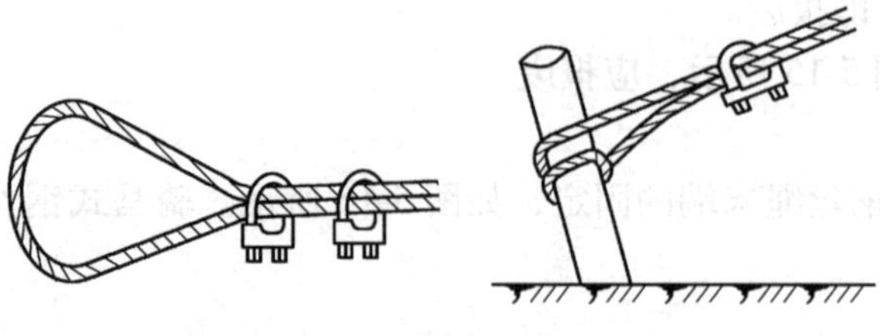

a)　　b)

图 5-16　钢丝绳卡的使用

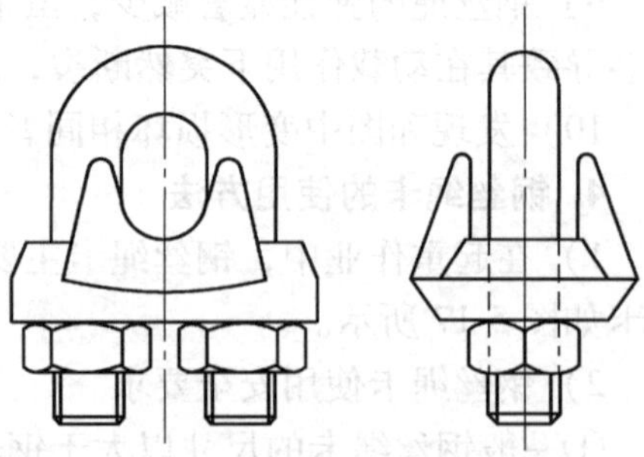

图 5-17　骑马式钢丝绳卡

③在使用时，以绳卡的U形弯曲部分在绳头的一边为最好，如图5-19所示。

④钢丝绳卡间的距离一般不小于钢丝绳直径的6倍（d为钢丝绳直径），如图5-19所示。

⑤钢丝绳末端与距它最近的一个绳卡的最小距离应在140～160mm以上，如图5-19所示。

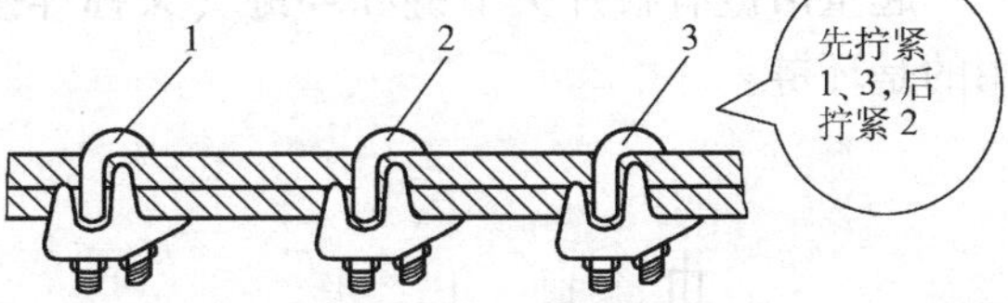

图5-18　钢丝绳卡的拧紧

⑥在重要的场合下，可以在最后一个绳卡后再放上一个钢丝绳卡，间距扩大至500mm以上，同时把绳头放出一个安全弯，如图5-19所示。

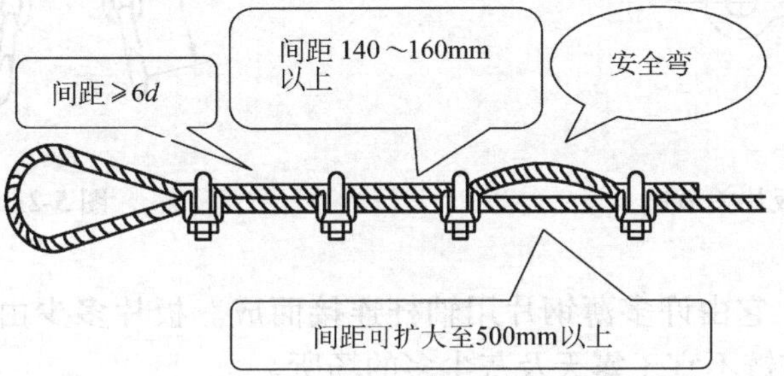

图5-19　钢丝绳的安全检查弯

任务三　吊链的使用

技能点

- 能够正确选择及安全使用吊链。

知识点

- 吊链的特点、种类。

安全要点

- 在使用吊链过程中不允许承受振动载荷，不允许超载。

一、任务分析

吊链又叫链条或短环链。在起重吊运作业中，常用吊链传递动力和做成链条吊具绑扎或吊挂重物。吊链的正确选择及安全使用非常重要。

二、相关专业知识

1. 特点

1）优点：挠性好、破断拉力大、耐磨损、耐高温、不易旋转。

2）缺点：弹性小、自重大，对冲击和载荷极为敏感，常无预兆而突然断裂或产生极难察觉的裂纹。

2. 种类

起重吊链有板片关节链和环链（又称焊接链）两种。如图 5-20、图 5-21 所示，目前常用的是环链。

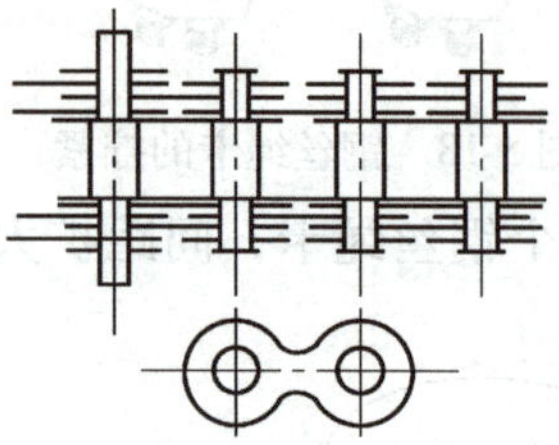

图 5-20　板片关节链

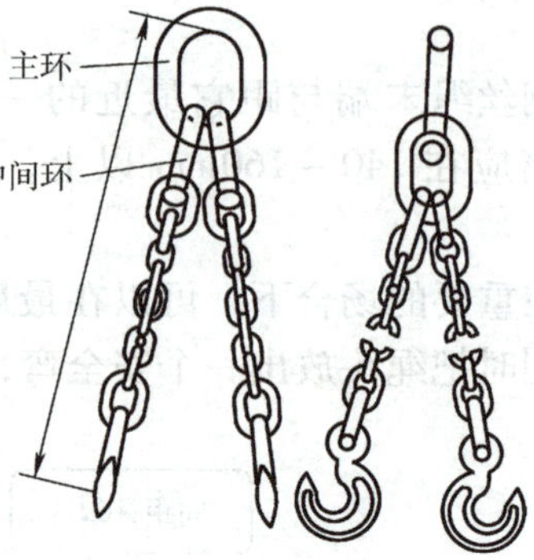

图 5-21　环链

（1）板片关节链　它由许多薄钢片用轴杆连接而成。板片多少由受力大小而定，可以是 2～12 片。板片关节链不宜于露天及灰尘多的场所。

（2）环链　环链是用圆钢弯制成椭圆形状焊接而成。环链成形后须经热处理，以保证环链的强度、韧性和表面硬度。环链的材料一般为 Q235B、20 钢和 30Mn2 等。

根据环链各部分尺寸不同，焊接环链可分为长环链和短环链两种。所谓短环链是链条的链环长度 $l \leqslant 5d$（d 为制造环链所用圆钢直径），宽度 $W \leqslant 3.5d$ 的链条。如果链条的长度和宽度超过以上尺寸时，则为长环链。

起重机械及起重作业一般只采用短环链，因为短环链在受到弯曲时的弯矩小，对于链条的强度是有利的。

三、任务实施

1. 吊链的使用安全要求

1）焊接链在光滑卷筒上工作时，速度 $v<1\text{m/s}$；在链轮上工作时，速度 $v<0.1\text{m/s}$。

2）焊接链最宜于垂直起吊。

3）焊接链不要用在振动冲击量大的场合，不准超负荷使用。

4）使用前应经常检查链条焊接处，预防断裂与磨损。

5）定期进行负荷试验。

6）按链条报废标准进行报废更新。

7）吊链不可打结或使用螺栓去缩短链条长度，如图 5-22 所示。

2. 吊链的报废标准

起重用短环链出现下列情况之一时，应更换或报废，如图 5-23 所示。

1）链环发生塑性变形，伸长量达原长度 5%。

2）链环之间以及链环与端部配件连接接触部位磨损减少到原公称直径的 80%；其他部位磨损减少到原公称直径的 90%。

3）裂纹或高拉应力区的深凹痕、锐利横向凹痕。

4）链环修复后，未能平滑过渡或直径减小量大于原公称直径的10%。

5）扭曲、严重锈蚀以及积垢不能加以排除。

6）端部配件的危险断面磨损减少量达原尺寸10%。

7）有开口度的端部配件，开口度比原尺寸增加10%。

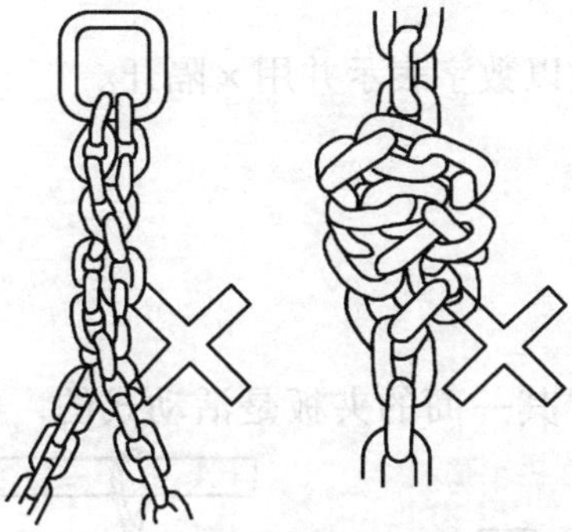

图5-22　吊链的打结

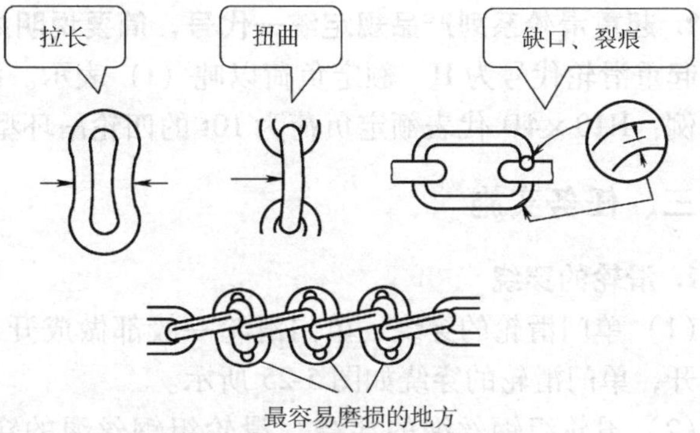

图5-23　吊链的破损

任务四　滑轮及滑轮组的使用

技能点

- 能够正确使用滑轮，并能对其维护保养及排除故障。

知识点

- 滑轮的分类及代号。

安全要点

- 使用滑轮组的安全要求。

一、任务分析

在起重作业中，滑轮和滑轮组是一种主要的起重吊装工具。滑轮与卷扬机配合使用能起吊和搬运很重的物体。

二、相关专业知识

1. 滑轮的分类

滑轮按用途一般分为定滑轮、动滑轮、滑轮组、导向滑轮、平衡滑轮等，如图5-24所示。

定滑轮在起重作业中起保持重物的平衡、支持承重钢丝绳的升降和改变绳索拉力方向的作用，不起省力作用。

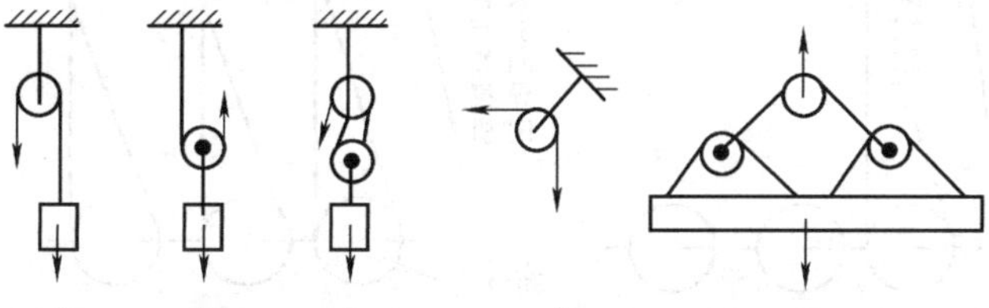

图5-24　滑轮的种类

a）定滑轮　b）动滑轮　c）滑轮组　d）导向滑轮　e）平衡滑轮

动滑轮在起重作业中一般只起省力和承重作用。定滑轮和动滑轮又可称为滑轮组。

导向滑轮根据起重作业的需要，能改变钢丝绳受力方向或改变被牵引物的运动方向。

一个单轮动滑轮能够节省一半的起升拉力，那么动滑轮门数越多，起升钢丝绳的牵引力越小。

2. 起重滑轮系列产品规定统一代号，简要说明如下

起重滑轮代号为 H，额定负荷以吨（t）表示。滑轮轮数以数字表示并用 × 隔开。

例：H10 ×4D 代表额定负荷为 10t 的四轮吊环型滑轮。

三、任务实施

1. 滑轮的穿绕

（1）单门滑轮的穿绕　单门滑轮一般都做成开口型的，其一面的夹板是活动式的，可以翻开，单门滑轮的穿绕如图 5-25 所示。

（2）滑轮组钢丝绳的穿绕　滑轮组钢丝绳的穿绕是一项既重要又复杂的工作，钢丝绳穿绕的好坏对于起重作业能否顺利进行，具有直接影响。特别是当滑轮组门数较多时，若穿绕不当，滑轮组中各根钢丝绳在运动中的阻力相差很大，会使上下滑轮产生自锁现象。有时由于钢丝绳传力不畅，使滑轮组的钢丝绳产生局部松弛，起吊重物时引起突然的冲击。当冲击很大时，会使钢丝绳断裂而造成事故。因此，滑轮组中钢丝绳的穿绕，应根据起重作业的具体情况，采用合适的穿绕方法。

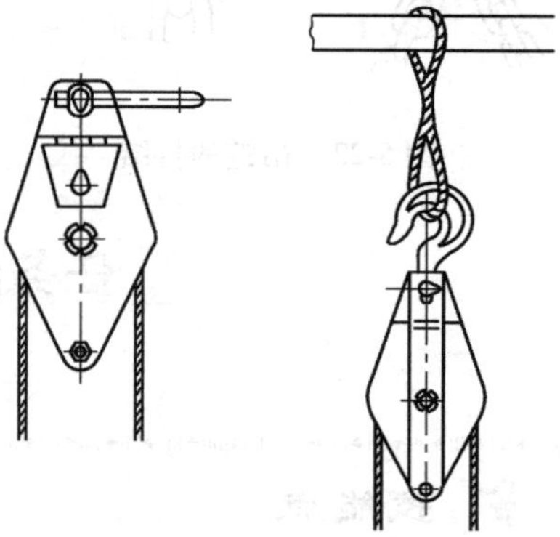

图 5-25　单门开口型滑轮钢丝绳的穿绕

滑轮组钢丝绳基本的穿绕方法有两种：顺穿法和花穿法。

顺穿法是一种比较简单的穿绕方法。根据现场拥有的卷扬机台数，可以采用单跑头顺穿法和双跑头顺穿法。

1）单跑头顺穿法。该穿法是将钢丝绳的一个头从边上第一个定滑轮开始如图 5-26a 所示，按顺序逐个绕过定滑轮和动滑轮，绕弯后的绳头固定在末端定滑轮的架子上。穿绕后的情况如图 5-26b 所示。滑轮组绳头的固定方法如图 5-27 所示。

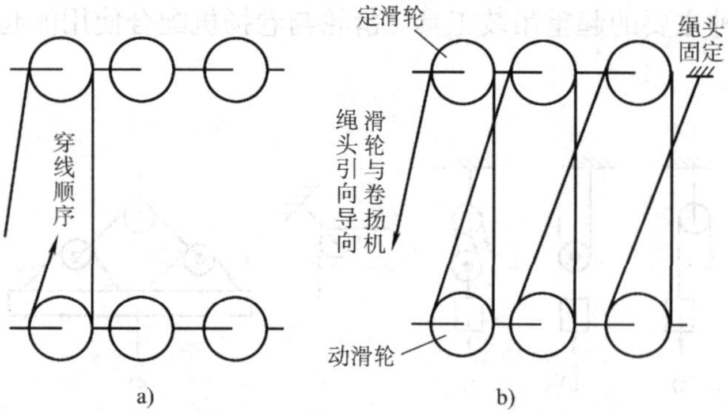

图 5-26　单跑头顺穿法示意图

图 5-27　滑轮组绳头的固定

2）双跑头顺穿法。双跑头顺穿法是指滑轮组同时有两根跑绳，同时使用两台卷扬机进行工作。双跑头顺穿法的优点是，滑轮的两边同时受力，工作时不会像单跑头顺穿法那样由于阻力而使滑轮歪斜。

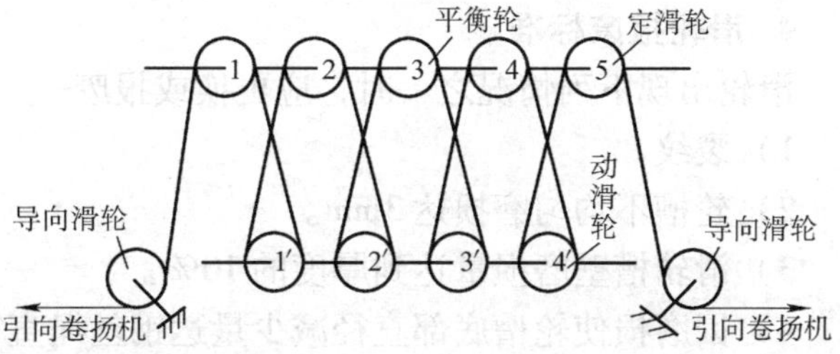

图 5-28　双跑头顺穿法钢丝绳穿绕示意图

采用双跑头顺穿法时，使用的定滑轮的门数一般为奇数，它比动滑轮的门数多一门，在进行穿绕时是从定滑轮中间的一个滑轮开始，两个绳头同时从中间向两边按顺序穿绕，如图 5-28 所示。采用此种方法，要求所使用的两台卷扬机的卷扬线速度要一致，这样才能使定滑轮中间的一只滑轮不转动，滑轮的两边受力相等。

2. 滑轮的使用安全要求

1）穿绕滑轮或滑轮组的钢丝绳必须符合滑轮的要求。当选用的钢丝绳直径超过滑轮的要求时，会加剧滑轮的磨损，同时也使钢丝绳的磨损加剧。一定起重量的滑轮应配相应粗细的钢丝绳。

2）滑轮所受力的方向变化较大时，或在高空作业中，不易采用吊钩型滑轮，以防脱钩。如使用吊钩型滑轮，应采取保护性措施，如图 5-29 所示。

3）在穿绕滑轮组时，钢丝绳在滑槽中的角度不得超过 4°~6°，如图 5-30 所示。

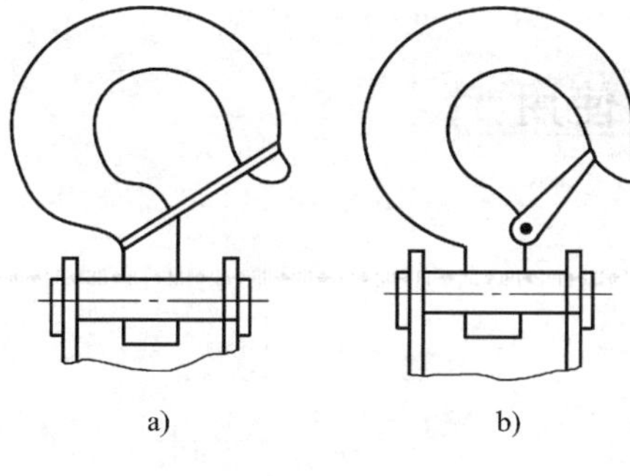

图 5-29　吊钩口的保护

a）用铁丝封住吊钩口　b）用卡锁封住吊钩口

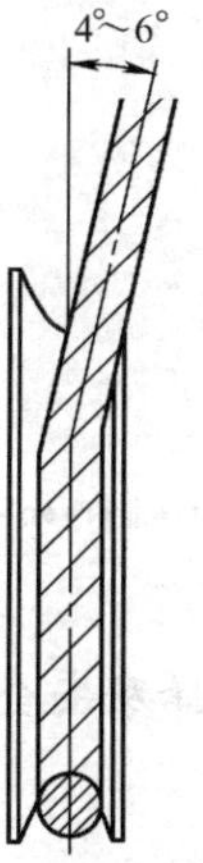

图 5-30　钢丝绳的偏角

4）若多门滑轮在使用中只用其中几门时，其起重量应经折减相应降低。

5）滑轮组经穿绕后使用时，应先进行试吊，详细检查各部分是否良好，有无卡绳、摩擦或钢丝绳间互相摩擦之处，如有不妥之处，应经调整后才能正式起吊。

6）滑轮在拉紧后，滑轮组两车轮的中心应保持一定的距离。

7）当滑轮有裂纹或缺陷时，不得投入使用。当其他部位，如吊钩、轮轴、拉板等存在缺陷，不符合使用要求时，不准使用。

8）滑轮不得超载使用。

3. 滑轮的维护保养

在不使用滑轮时，应将滑轮上的脏物洗干净，上好润滑油，放在干燥的地方，并在其下部垫以木板，滑轮的润滑如图 5-31 所示。

4 滑轮报废标准

滑轮出现下列情况之一时，应更换或报废：

1）裂纹。

2）轮槽不均匀磨损达 3mm。

3）滑轮槽壁磨损量达到厚度的 10%。

4）因磨损使轮槽底部直径减少量达钢丝绳直径的 50%。

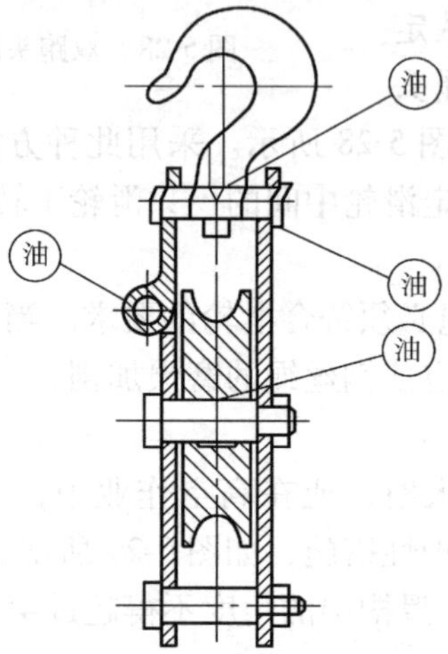

图 5-31 滑轮的润滑

任务五 吊钩的使用

技能点

- 正确选择及安全使用吊钩。

知识点

- 吊钩的种类。

安全要点

- 不准超负荷使用。

一、任务分析

吊钩是起重机械中应用最广的专用取物装置。是各类起重机上的重要组成部分，也是常用吊索、起重工具（滑轮）、专用吊具上的重要组成部分。

二、相关专业知识

根据制造方式，吊钩可分为锻造钩和卡板钩，每种又分为单钩和双钩两种。一般吊钩都是用整块钢材顺纤维的方向锻造加工而成的。小型吊钩一般为模锻，大型吊钩为自由锻。材料一般为DG20，DG20Mn等。有些场合也使用钢板叠在一起铆接而成的板钩，其材料一般是Q235或16Mn。集装箱专用吊具的搭钩根据其特殊性，是用40Cr钢锻造而成。吊钩的种类如图5-32所示。

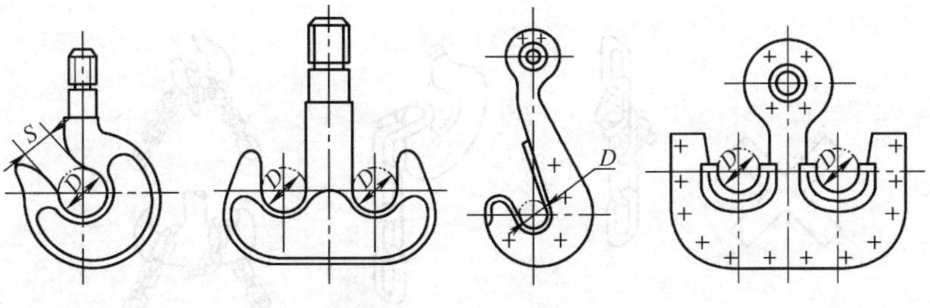

图5-32　吊钩的种类

a）锻造单钩　b）锻造双钩　c）卡板单钩　d）卡板双钩

三、任务实施

1. 吊钩的使用安全要求

1）新吊钩的开口度要进行测量并应符合规定。

2）新吊钩应做负荷试验。

3）对吊钩三个危险断面应用煤油清洗，用放大镜看其有无裂纹。

4）实际起重量不得大于吊钩上标注的额定起重量。

5）吊钩表面要光滑，不能有剥裂、刻痕、锐角、接缝和裂纹等缺陷。

6）应经常检查吊钩连接部分是否可靠，润滑是否良好。在使用过程中，主要检查是否有变形、裂纹、磨损、腐蚀等现象，并应做好记录，如图5-33所示。

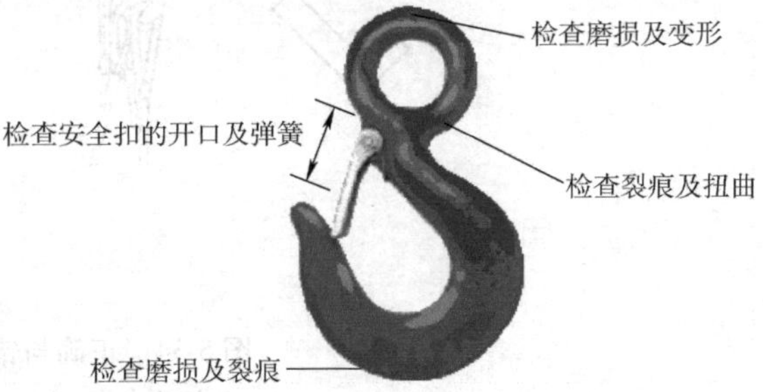

图5-33　吊钩的检查

7）挂吊索时要将吊索挂至吊钩底部，如图5-34所示。

8）吊钩不准超负荷使用。

9）吊钩不得补焊。

10）保持吊钩在垂直位置，如吊钩侧向一方则影响吊钩的安全操作负荷，如图5-35所示。图中，G_n为吊钩的额定起重量。

11）吊钩上应装有防止脱钩的安全装置，如图5-36所示。

2. 吊钩的报废标准

吊钩出现下列情况之一时，必须予以报废：

1）表面有裂纹。

2）危险断面（图5-37）磨损达原尺寸的10%。

3）吊钩钩腔的开口度比原尺寸增加15%。

4）吊钩扭曲变形，吊钩钩尖中心线与钩尾中心线的扭曲角大于10°。

5）危险断面或吊钩颈部产生塑性变形。

6）板钩衬套磨损达原尺寸的50%以上，必须报废衬套。销子磨损量超过名义直径的3%～5%应更新。

7）板钩心轴磨损达原尺寸的5%时，应报废心轴。

8）补焊过的吊钩。

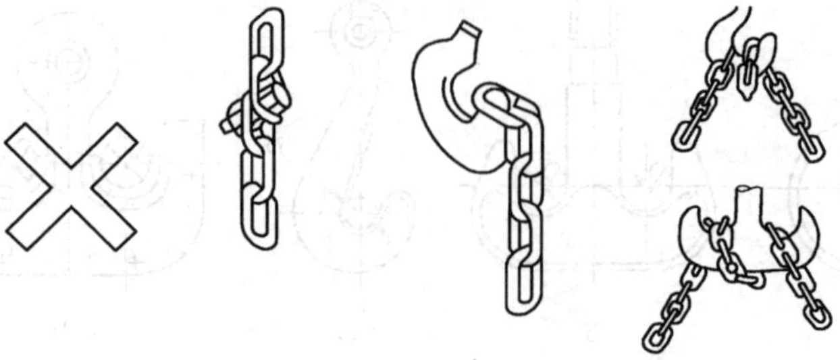

a）

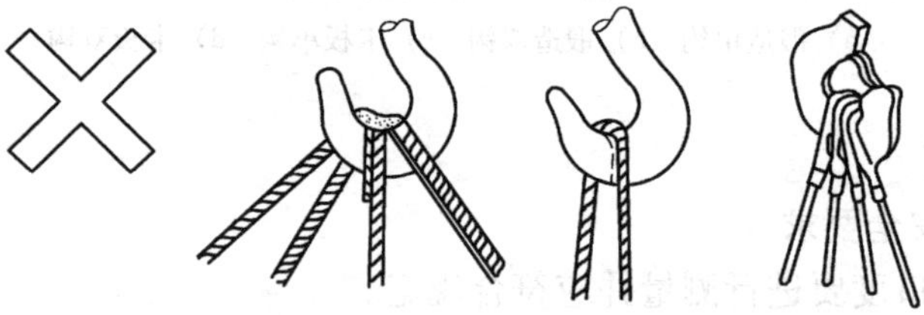

b）

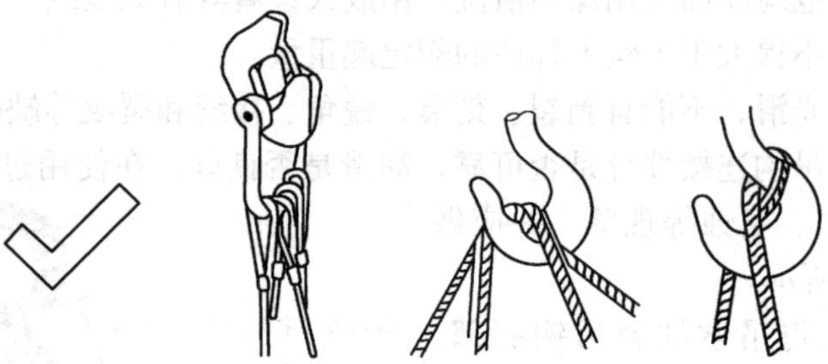

c）

图5-34　正确与错误拴挂连接示例

a）不允许　b）不正确　c）正确

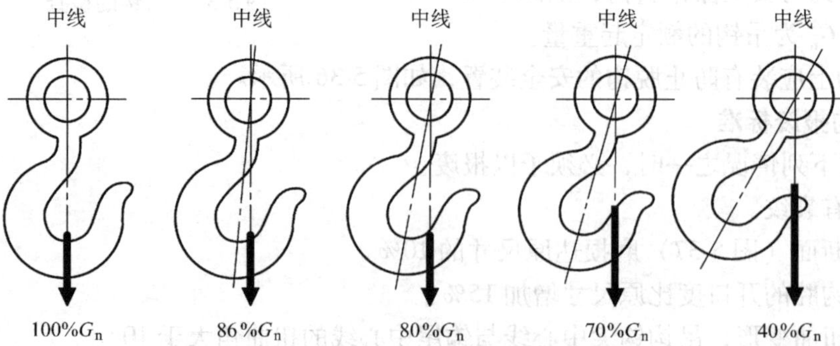

图5-35　吊钩侧向一方时的安全操作负荷

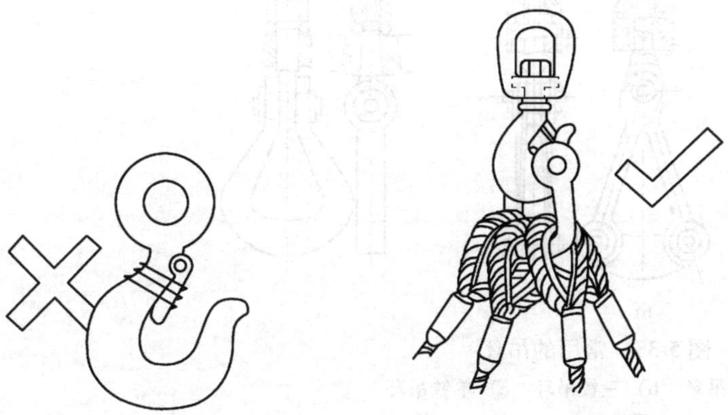

图 5-36　吊钩防止脱钩的安全装置

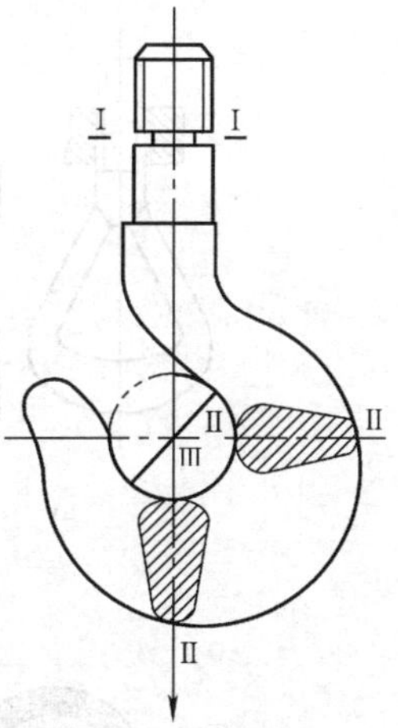

图 5-37　吊钩的危险断面

任务六　吊环的使用

技能点

- 能够正确选择及安全使用吊环。

知识点

- 吊环的种类。

安全要点

- 严禁吊环横向受力。

一、任务分析

吊环是封闭的环形吊具，其起重能力大于吊钩，且没有脱钩的危险，工作安全且重量比吊钩轻，但在使用时不如吊钩方便。

二、相关专业知识

1. 吊环的种类和结构

常用吊环分为整体式（无铰吊环）和组合式（单铰和三铰吊环）两种，其结构如图 5-38 所示。吊环一般是用 20 钢或 16Mn 钢制造，表面应光洁，不应有刻痕、锐角、接缝和裂纹等现象。

2. 吊环的性能

（1）固定用吊环　吊环通常在电动机、减速机的安装、维修时作固定吊具使用。

（2）吊钩端部用吊环　吊环也可作为吊索、吊具钩挂起升至吊钩的端部件，见图 5-39，根据吊索的分支数的多少，还可分为主环和中间主环。

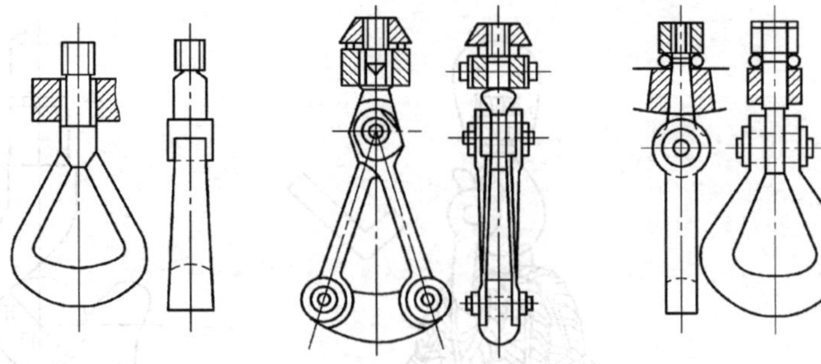

图 5-38　常用的吊环

a）无铰吊环　b）三铰吊环　c）单铰吊环

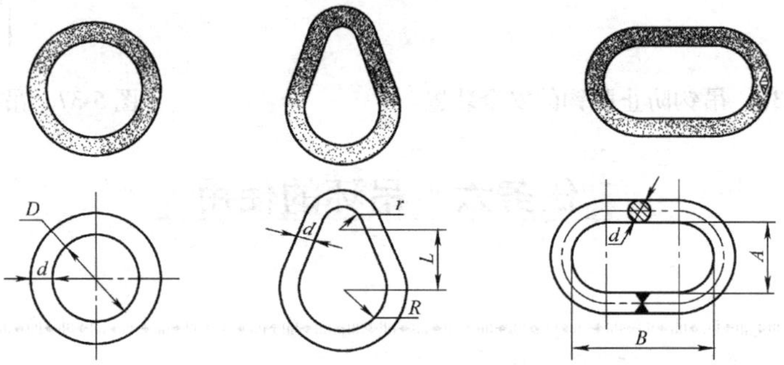

图 5-39　吊钩端部用吊环

三、任务实施

吊环的使用安全要求

1）吊环使用时必须注意其受力方向，垂直受力情况为最佳，纵向受力稍差些，严禁横向受力。

2）吊环螺纹在旋转时必须拧紧，最好用扳手或圆钢用力扳紧，防止由于拧的太松而在吊索受力时打转，使物件脱落，造成事故。

3）吊环在使用中如发现螺纹太长，需加垫片，再拧紧后方可使用。

4）使用两个吊环工作时，两个吊环面的夹角不得大于90°。

任务七　卸扣的使用

技能点

- 能够正确选择及安全使用卸扣。

知识点

- 卸扣的种类。

安全要点

- 不允许超负荷使用卸扣。

一、任务分析

卸扣又称卸甲或卡环，用于吊索、构件或吊环之间的连接，它是起重作业中应用广泛且较灵便的栓连工具。

二、相关专业知识

卸扣根据用途，可分为船用卸扣和一般起重用卸扣。起重用卸扣分为 D 形卸扣和弓形卸扣 2 种，见图 5-40，代号分别为 D 和 B。

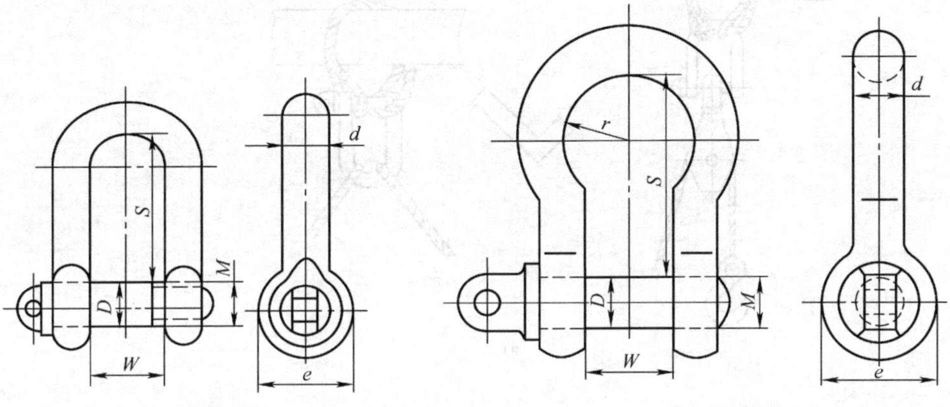

图 5-40　一般起重用锻造卸扣

卸扣是用整体毛坯件锻造而成。根据制造卸扣材料的极限强度（破断力），可分为 M（4）、S（6）和 T（8）三级，见表 5-4。

表 5-4　卸 扣 材 质

强 度 级 别	推荐用钢材
M(4)	20
S(6)	20Cr、20Mn2
T(8)	35CrMo

锻造成形的卸扣经热处理消除了内应力，增加了韧性，应能承受 2 倍额定载荷的变形试验和 4 倍额定载荷的极限强度试验。

三、任务实施

1. 卸扣的选择

在使用旧规格卸扣时，可按旧的标准查取卸扣号码和许用负荷直接选用。在无法查取时，可按下式估算卸扣的许用负荷来选用

$$G = 60 \times d^2$$

式中　G——允许使用的负荷重量（kN）；

　　　d——卸扣弯曲部分直径（mm）。

2. 卸扣的使用安全要求

1）卸扣在使用时，必须注意作用在卸扣上的受力方向。如果作用在卸扣上的受力方向不符合要求，则会使卸扣允许承受载荷的能力降低，如图5-41所示。

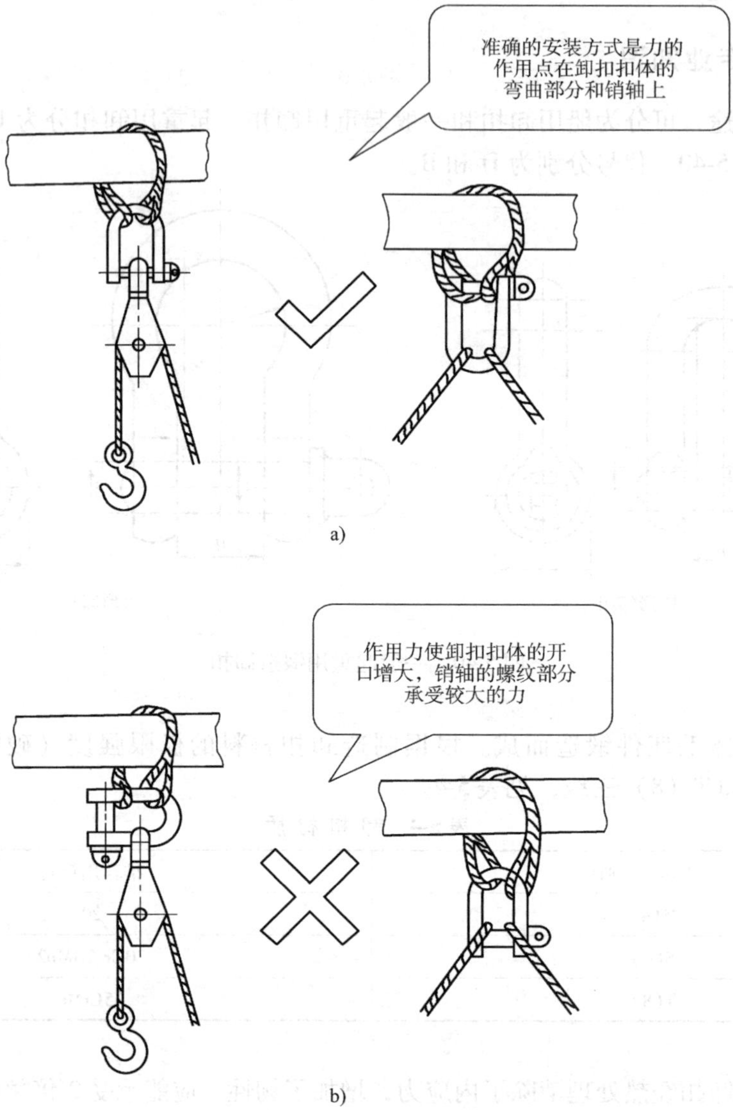

图5-41 卸扣的使用示意图

2）卸扣不应超负荷使用。

3）在安装销轴时，螺纹旋足后应回旋半扣，防止螺纹旋紧后受力方向相同，使销轴难以拆卸。

4）当卸扣任何部位产生裂纹、塑性变形、螺纹脱扣，以及销轴和扣体断面磨损达原尺寸的3%～5%时应报废，如图5-42所示。

5）可使用金属垫圈固定吊钩位置，如图5-43所示。

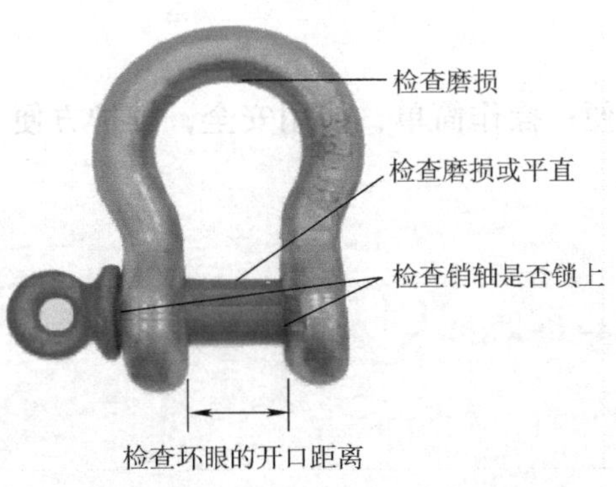

图 5-42　卸扣的检查

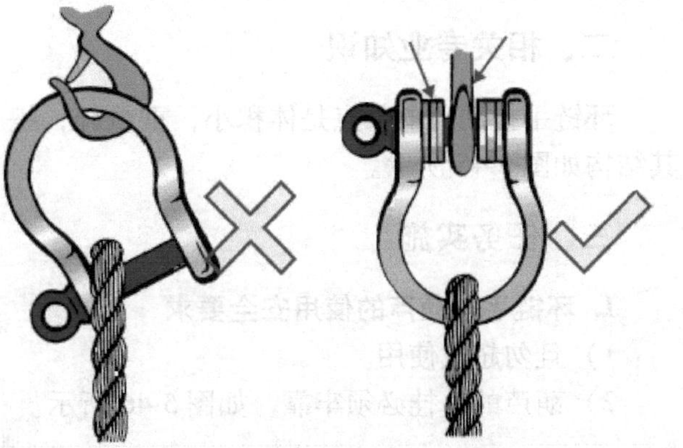

图 5-43　吊钩位置的固定

6）如果在吊运时可能会导致销轴转动，则不应选用螺栓类销轴，如图 5-44 所示。

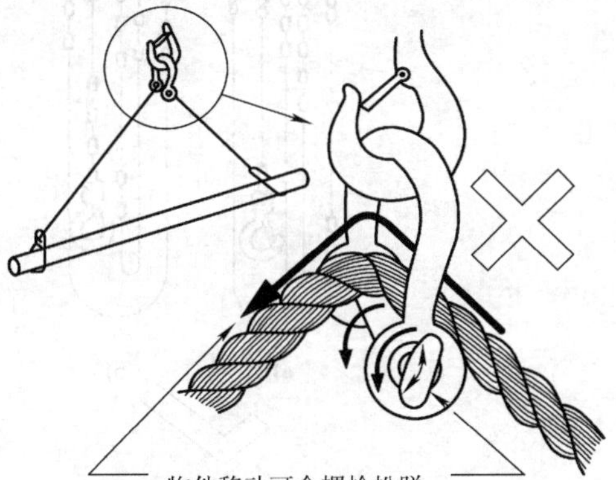

图 5-44　卸扣的错误使用

任务八　环链手拉葫芦的使用

技能点

- 能够正确选择、安全使用及维护保养环链手拉葫芦。

知识点

- 环链手拉葫芦的特点及结构。

安全要点

- 不允许超负荷使用环链手拉葫芦。

一、任务分析

环链手拉葫芦是一种结构简单、使用方便、用途广泛的小型手动起重设备。

二、相关专业知识

环链手拉葫芦的特点是体积小，重量轻，携带方便；操作简单，使用安全，维护方便。其结构如图 5-45 所示。

三、任务实施

1. 环链手拉葫芦的使用安全要求

1）且勿超载使用。

2）葫芦的吊挂必须牢靠，如图 5-46 所示。

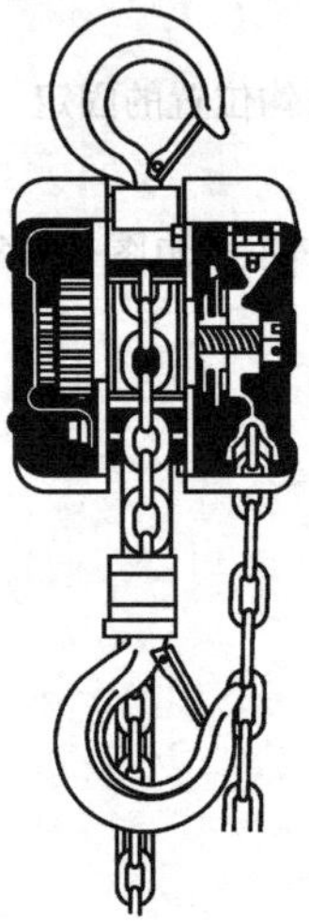

图 5-45　HS 型环链手拉葫芦的结构示意图

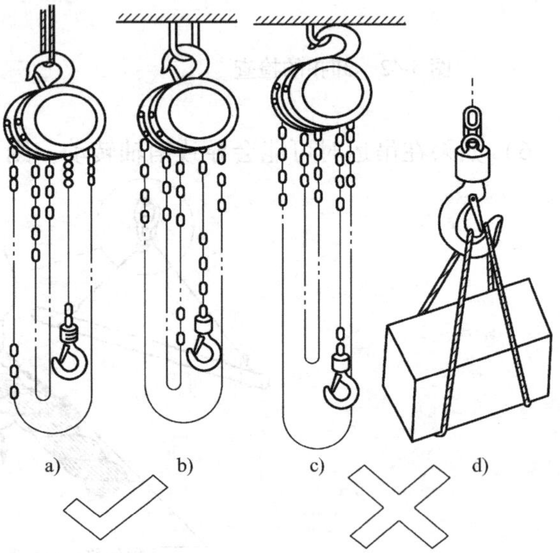

图 5-46　环链手拉葫芦的吊挂方法

a)、b) 正确　c)、d) 错误

3）起重链条及手拉链条不应有扭曲现象，如图 5-47 所示。

4）拉链的方向应与手链轮方向一致，如图 5-48 所示。

图 5-47　链条的错扭

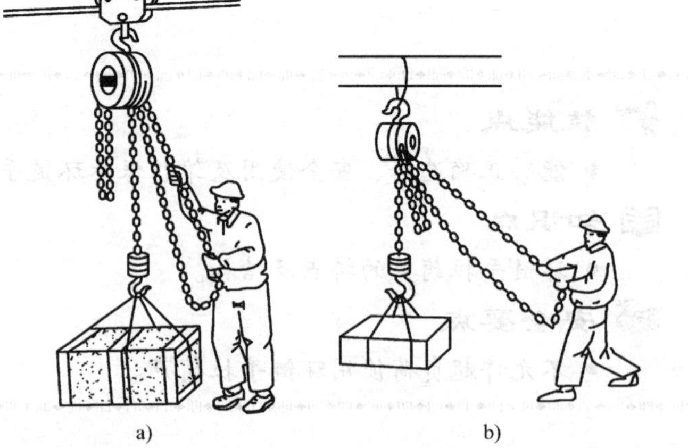

图 5-48　葫芦拉链的方法

a) 正确的拉链方向　b) 不正确的拉链方向

5）起吊时，严禁有人在重物下面做任何工作或行走，如图5-49所示。

6）在起吊过程中，拽动手拉链时，用力要均匀缓和，不要用力过猛。

7）如果发现拉不动拉链时，应立即停止使用拉链。

8）拉链的人数应按手拉葫芦起重能力确定，即2t以下一人拉链；2t以上应由2人合力拉链。当拉不动时，应检查手拉葫芦是否损坏，严禁随意增加拉链人数。

9）严禁将吊钩回扣到起重链条上起吊重物。

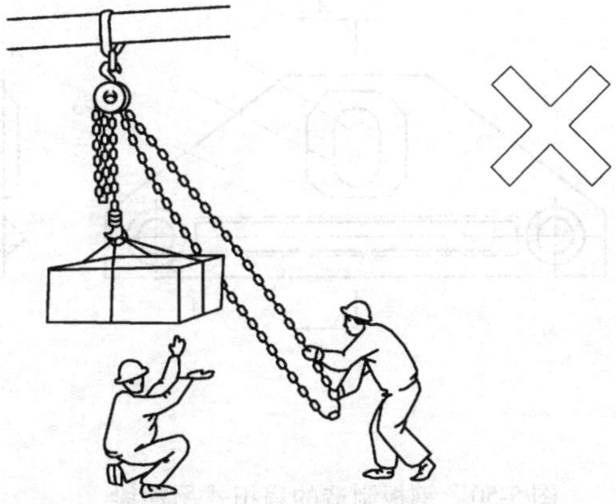

图5-49　人不允许在起吊的重物下工作

2. 环链手拉葫芦的维护方法

1）使用完毕后应将环链手拉葫芦上的泥垢擦净，存放在干燥的地方。

2）每年应拆洗机件，加润滑油。

3）环链手拉葫芦经清洗检修后，应进行空载和重载试验；确认工作正常后方可正式使用。

4）在加油或使用过程中，制动器的摩擦面必须保持干净。

任务九　吊横梁的使用

技能点

- 能够正确选择及安全使用吊横梁。

知识点

- 吊横梁的种类、结构。

安全要点

- 防止吊横梁变形及脱钩。

一、任务分析

吊横梁也称平衡梁和铁扁担，用于设备、物件在吊装过程中既要保持水平又要避免物件被吊索压坏擦伤，并保证吊运过程中物件不产生过大的变形及损坏。

二、相关专业知识

吊横梁的种类和结构

（1）扁担式吊横梁　这种吊横梁结构简单、制造容易、使用方便。它主要用来传递载荷和承受弯矩。如图5-50所示是用钢板制造的扁担式吊横梁，它由于长度比较小，所以只适于较小截面的设备和构件的吊装。如图5-51所示是用槽钢或工字钢制造的扁担式吊横梁，它适用于屋架、桁架等细长而刚性较低构件的吊装。

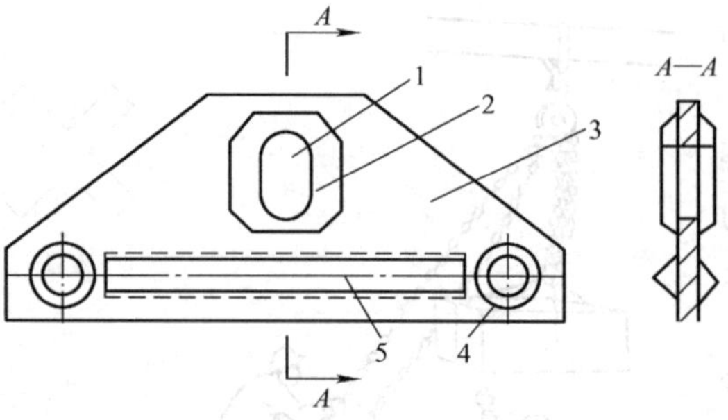

图 5-50 钢板制造的扁担式吊横梁

1—挂吊钩孔 2—钩口加强板 3—钢板 4—挂吊索孔 5—加强筋

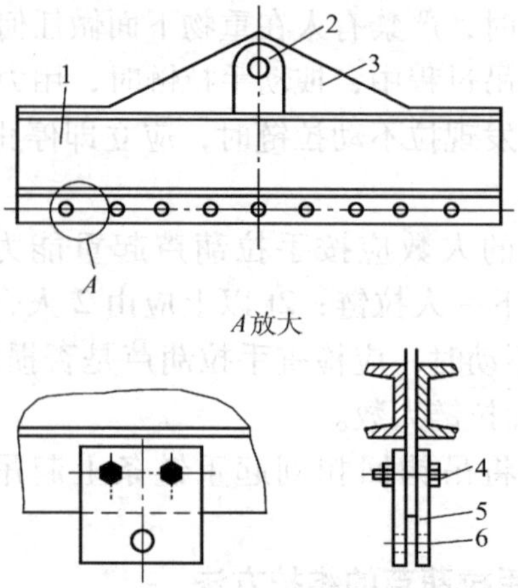

图 5-51 槽钢或工字钢制造的扁担式吊横梁示意

1—槽钢 2—吊环板 3，5—钢板 4—螺栓、螺母 6—吊环孔

（2）压杆式吊横梁 又叫支承扁担，见图 5-52，它的横梁一般采用无缝钢管制造，用来改变吊索的受力方向和承受压力，因此它属于受压构件。

三、任务实施

吊横梁的使用安全要求

1）吊横梁设计制造的安全余量不应小于额定起重量的 4 倍，其上的吊钩、索具等应对称分布，长短相等，连接可靠。

2）使用前，应检查吊横梁与起重机吊钩及吊索连接处是否正常。

3）当吊横梁产生裂纹、永久变形、磨损、腐蚀严重时，应立即报废。

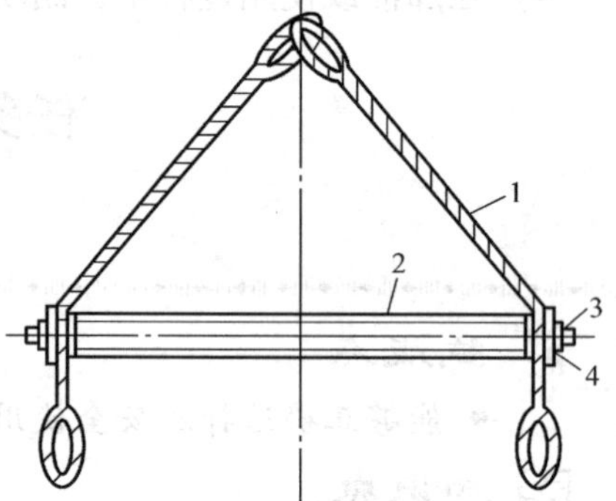

图 5-52 压杆式吊横梁

1—吊索 2—支承扁担 3—螺母 4—压板

任务十 千斤顶的使用

技能点

● 能够正确选择及安全使用千斤顶。

知识点

● 千斤顶的种类和结构。

安全要点

● 防止过载，保证设备的安全平稳。

一、任务分析

千斤顶是起重作业中常用的辅助工具，它结构简单，使用方便，工作时无振动冲击，多用于重物短距离升高和设备安装校正位置之用。

二、相关专业知识

千斤顶按照其结构形式和工作原理的不同可分为齿条千斤顶、螺旋千斤顶和油压千斤顶3种。千斤顶的起升重量可以从1t至几百吨，但起重高度一般只有200mm左右。齿条千斤顶起重高度较大，可达400mm。

三、任务实施

千斤顶的使用安全要求：

1）使用前应检查千斤顶是否有损坏，油液是否干净，油阀、活塞、皮碗是否完好，油路是否畅通。在进行无负荷试验后，方可投入使用。

2）起升重物前，千斤顶必须垂直放置。在起升钢物件时，顶部接触处应衬垫防滑木板，防止千斤顶意外滑脱及重物坠落伤人，如图5-53所示。

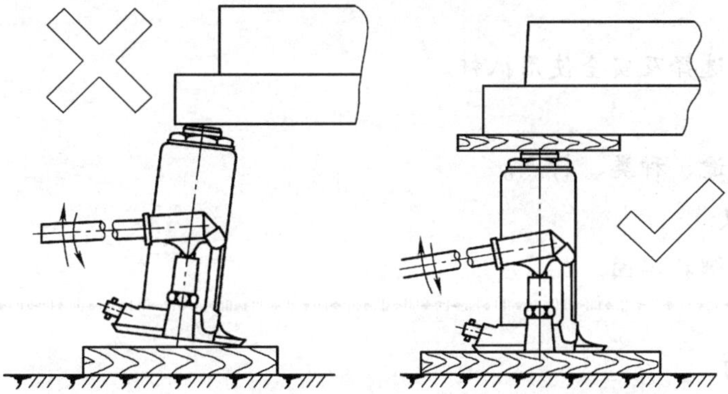

图5-53　千斤顶的放置

3）在松软地面和脆性的水泥地面上，不应直接放置千斤顶，应加垫枕木以增大受力面积，避免顶升重物时发生塌陷或倾斜。

4）放松千斤顶时，应根据三类千斤顶的不同操作要求，使重物平稳下降。

5）为防止长时间起升的重物意外下落，必要时应在起升重物下面加垫木，并做到随举随垫。下降时，随落随抽出垫木，以确保作业安全，如图5-54所示。

6）当起升重量较大的设备，采用几只千斤顶同时作业时，起升和下降都必须有专人指挥，随时检查各个千斤顶的受力情况，统一动作防止个别千斤顶过载，保证起升设备的安全平稳。

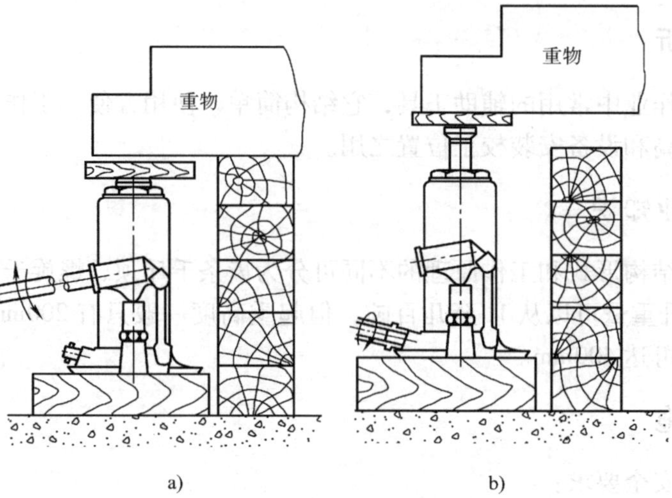

图 5-54　千斤顶举升重物

任务十一　扒杆的使用

技能点

- 能够正确选择及安全使用扒杆。

知识点

- 扒杆的用途、种类、特点。

安全要点

- 扒杆必须绑扎牢固。

一、任务分析

扒杆也称桅杆或抱杆，是一种简易的起重吊装设备，也是一种简单的起重吊架，主要用来移动、升降重物。

二、相关专业知识

1. 特点

结构简单、使用灵活、成本低。

2. 分类

1）按材质分类：木质扒杆、钢结构扒杆。

2）按形状分类：独脚扒杆、人字扒杆、三角架扒杆和龙门扒杆四种型式。

三、任务实施

扒杆的使用安全要求

1）扒杆的选材、制造、使用应留有足够的安全裕量。一般木制扒杆起重量不应超过10t。

2）扒杆缆风绳必须按规定的绑扎法绑扎锁牢，保持长短一致受力均匀，如图5-55所示。

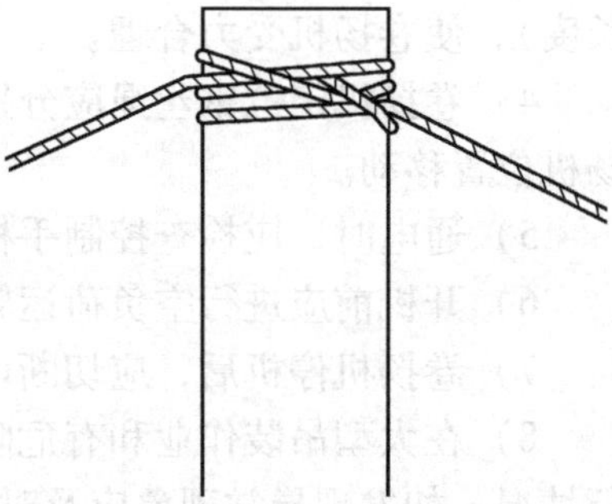

图5-55　揽风绳的系结

3）扒杆脚必须绑扎牢固，可垫木板底座。

4）在土地上竖扒杆时，要把地面推平夯实，并垫以木格。

5）在混凝土地面上竖扒杆时，应敲查水泥地面下面是否有空洞，并应垫以木格。

6）在钢制平台上立扒杆时，在平台下面要加设支承，以达到足够的强度。

7）吊装前一般应进行试吊，起吊重物距地面100～200mm左右，悬吊20min。检查各捆绑处、固定处及滑轮组、卷扬机等，正常后方可作业。

任务十二　电动卷扬机的使用

技能点

- 能够正确选择及安全使用电动卷扬机。

知识点

- 电动卷扬机的特点。

安全要点

- 不允许超负荷使用卷扬机。

一、任务分析

电动卷扬机是起重运输作业中经常用的牵引设备，也是很多起重设备机械中起升和变幅机构的主要部件，起重力大，操作方便，一般安全可靠。但若操作不慎和管理不善，也容易发生人身和设备事故。

二、相关专业知识

电动卷扬机的特点是起重量大、速度快、使用灵活。

三、任务实施

电动卷扬机的使用安全要求

1）卷扬机应安装在平坦坚实的地方，与柱脚或地锚固定要牢固，露天作业时应有防雨设施。

2）卷扬机的操作者须经专业考试合格，持证上岗，应熟悉卷扬机的构造、性能及维护知识等。操作时应精力集中，熟悉信号，听从指挥。

3）卷扬机与第一导向轮对准，垂直于卷筒的中心轴线。二者间距离大于15e（e为卷筒长度），使卷扬机受力合理。

4）卷扬机定位钢丝绳应分别各自固定，不应一根绳作两处固定用。避免卷筒受力时卷扬机位置移动。

5）通电时，应检查控制手柄的零位和方向。

6）开机前应进行空负荷运转，制动器及各部件应灵敏可靠。

7）卷扬机停机后，应切断电源，控制器手柄放在零位，用保险闸制动刹紧。

8）在大型吊装作业和有危险的运输作业时，应设专人（操作者除外）监护卷扬机的运行情况，如发现异常现象应及时处理并报告指挥者。

9）采用多台卷扬机起吊设备时，要统一指挥，注意卷扬机的同步操作。

10）卷扬机不得超载使用。

11）作业时卷筒上钢丝绳余留圈数不得小于3圈。

12）卷扬机有下列情况之一时，必须更换或修理：卷筒壁厚已减少10%；筒体上有裂纹或其他受力部位有明显变形；卷筒轴的磨损度达到名义直径的3%～5%。

课题六　起重机械的基本知识及起重设备的配备

技能点

● 能够根据起重机的种类、性能，正确配备起重设备。

知识点

● 起重机的构造、性能和种类。

安全要点

● 安全起吊和就位。

一、任务分析

起重机司索、指挥人员是与起重机司机一同相互配合，协调一致地利用起重机完成物料吊运工作的。在物料吊运的全过程中，三工种的密切配合是安全作业的关键，因此要求起重机司索、指挥人员除必须掌握物体的捆绑知识、合理选用吊具、索具以及熟练地掌握起重指挥信号以外，还必须对起重机的性能、技术参数及构造有所了解。

二、相关专业知识

1. 起重机的主要技术参数与性能

（1）质量和载荷参数

1）有效起重量 m_{PL}：起重机能吊起的重物或物料的净质量。对于幅度可变的起重机，根据幅度规定有效起重量。

2）额定起重量 m_N：起重机允许吊起的重物或物料，连同可分吊具上的吊具或属具的质量总和（对于流动式起重机，包括固定在起重机上的吊具）。对于幅度可变的起重机根据幅度规定起重机的额定起重量。

3）总起重量 m_{GL}：起重机能吊起的重物或物料，连同可分吊具上的吊具或属具（包括吊钩、滑轮组、起重钢丝绳，以及在臂架或起重小车以下的其他吊物）的质量总和。对于幅度可变的起重机根据幅度规定起重机的总起重量。

4）最大起重量 m_{max}：起重机正常工作条件下，允许吊起的最大额定起重量。

5）起重力矩 $\boldsymbol{M}$：幅度 L 和相应起吊物品所受重力 $\boldsymbol{G}$ 的乘积，如图6-1所示。

6）起重倾覆力矩 $\boldsymbol{M}_A$：起吊物品所受重力 $\boldsymbol{G}$ 和从载荷中心线至倾覆线距离 A 的乘积，如图6-2所示。

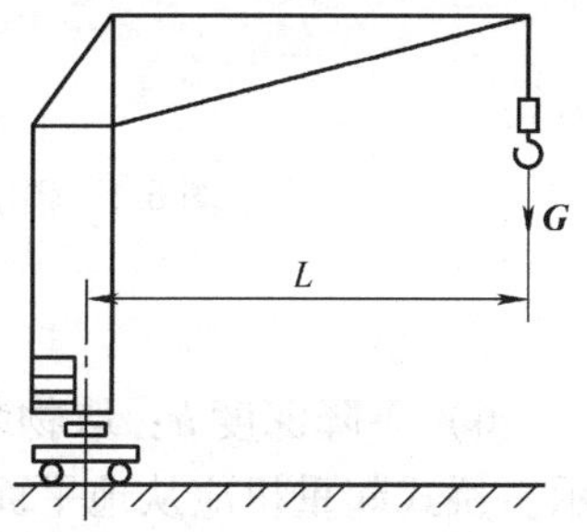

图6-1　起重力矩

7）起重机总质量 m_{tot}：包括压重、平衡重、燃料、油品、润滑剂和水等在内的起重机各部分质量总和。

8）轮压 P：一个车轮作用在轨道或地面上的最大垂直载荷，如图 6-3 所示。

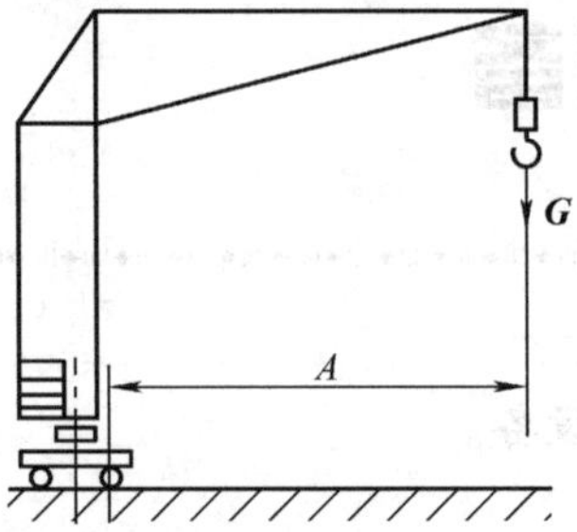

图 6-2　起重倾覆力矩

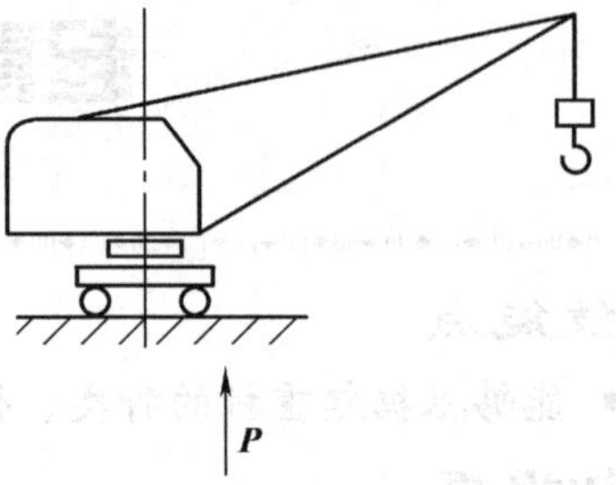

图 6-3　轮压

（2）起重机尺寸参数

1）幅度 L：起重机置于水平场地时，空载取物装置垂直中心线至回转平面的回转中心线之间的水平距离，如图 6-4 所示。

2）最大幅度 L_{max}：起重机工作时，臂架倾角最小或小车在臂架最外极限位置时的幅度。

3）最小幅度 L_{min}：臂架倾角最大或小车在臂架最内极限位置时的幅度。

4）悬臂有效伸缩距 l：离悬臂最近的起重机轨道中心线到位于悬臂端部取物装置中心线之间的距离。

5）起升高度 H：起重机支承面至取物装置允许最高工作位置之间的垂直距离，如图 6-5 所示。对于桥式起重机，测定起升高度时，应是空载置于水平场地上，从地平面开始测定其起升高度。

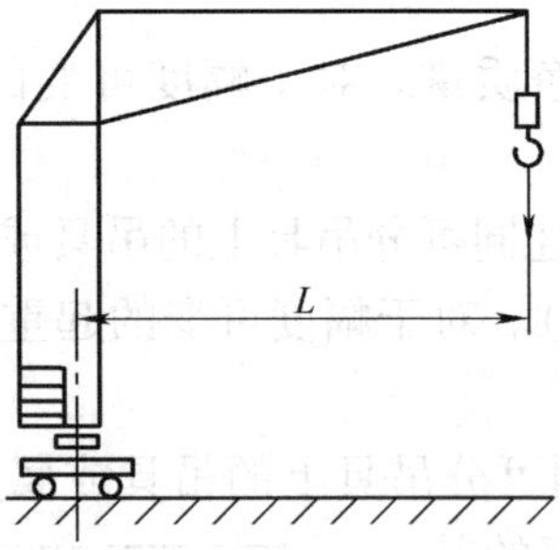

图 6-4　幅度

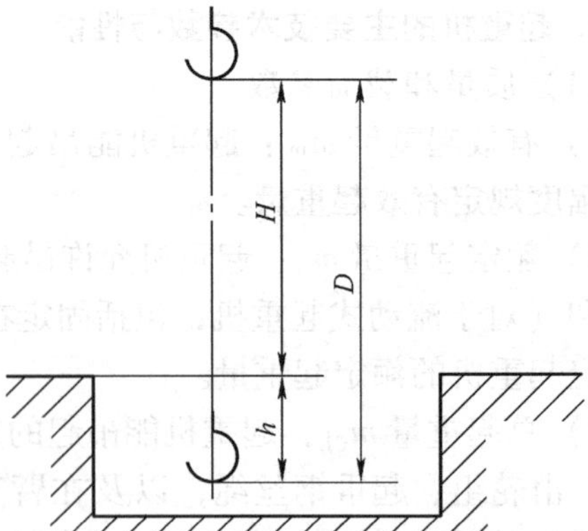

图 6-5　起重机的起升高度、下降深度及起升范围

6）下降深度 h：取物装置最低工作位置与起重机支承面之间的垂直距离，如图 6-5 所示。桥式起重机应从地平面起算下降深度。应是空载置于水平场地上方，测定其下降深度。

7）起升范围 D：取物装置最高和最低工作位置之间的垂直距离（$D=H+h$），如图 6-5 所示。

8）起重臂长度 L_b：起重臂根部销轴至顶端定滑轮轴线在起重臂纵向中心线方向的投影距离。

9）起重机倾角：在起升平面内，起重臂纵向中心线与水平线的夹角。

（3）运动速度

1）起升（下降）速度 v_n：稳定运动状态下，工作载荷的垂直位移速度，如图 6-6 所示。

2）微速下降速度 v_m：稳定运动状态下，安装或堆垛最大工作载荷时的最小下降速度，如图 6-7 所示。

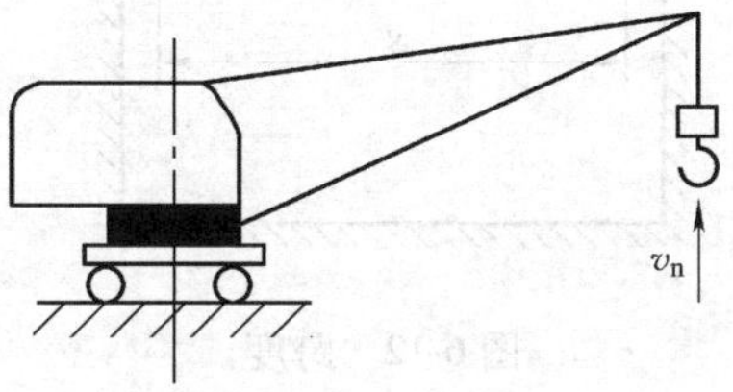

图 6-6　起升（下降）速度

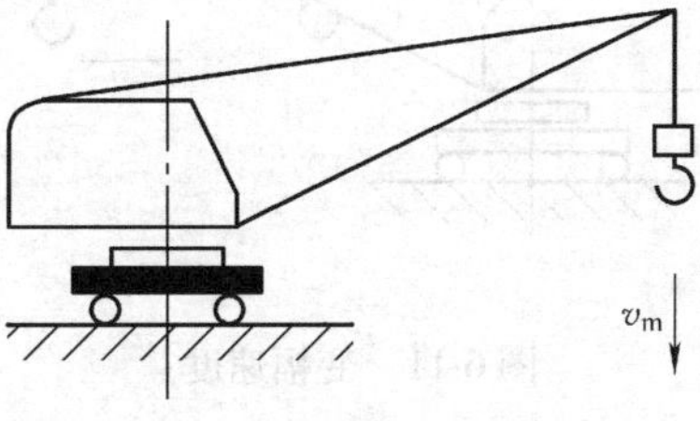

图 6-7　微速下降速度

3）回转速度 ω：稳定状态下，起重机转动部分的回转角速度。规定为水平场地上，离地 10m 高度处，风速小于 3m/s 时，起重机幅度最大，且带工作载荷时的转速，如图 6-8 所示。

4）起重机（大车）运行速度 v_k：稳定运动状态下，起重机的水平位移速度。规定为在水平路面上，离地 10m 高度处，风速小于 3m/s 时，起重机带工作载荷时的运行速度，如图 6-9 所示。

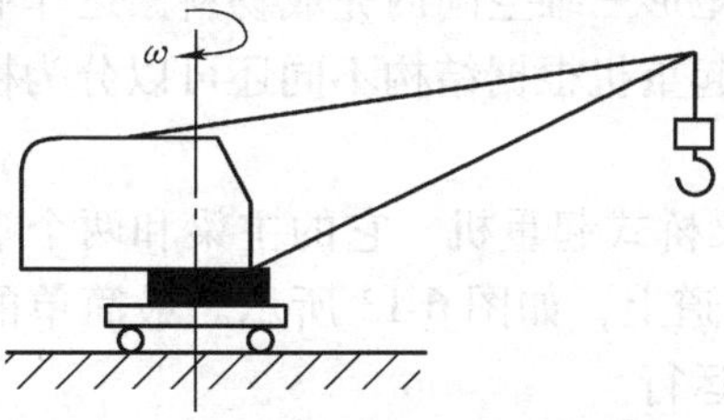

图 6-8　回转速度

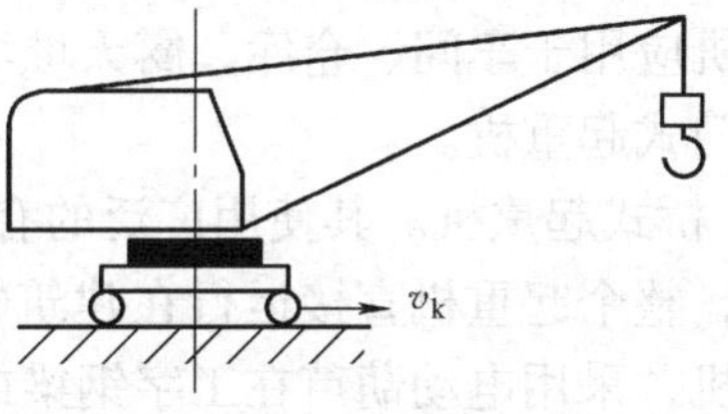

图 6-9　起重机(大车）运行速度

5）小车运行速度 v_t：稳定运动状态下，小车作横移的速度。规定为离地面 10m 高度处，风速小于 3m/s 时，带工作载荷的小车在水平轨道上运行的速度，如图 6-10 所示。

6）变幅速度 v_r：稳定运动状态下，工作载荷在变幅平面内水平位移的平均速度。规定为离地 10m 高度处，风速小于 3m/s 时，起重机在水平路面上，幅度从最大值至最小值的平均速度，如图 6-11 所示。

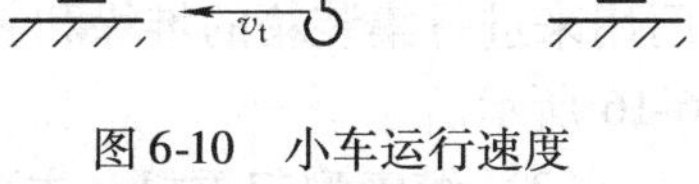

图 6-10　小车运行速度

7）跨度 S：桥架型起重机运行轨道中心线之间的水平距离，如图 6-12 所示。

（4）一般性能参数

1）工作级别：考虑起重量和时间的利用程度以及工作循环次数的起重机械特性。

2）机构工作级别：按机构利用等级（机构在使用期限内，处于运转状态的总小时数）和载荷状态划分的机构工作特性。

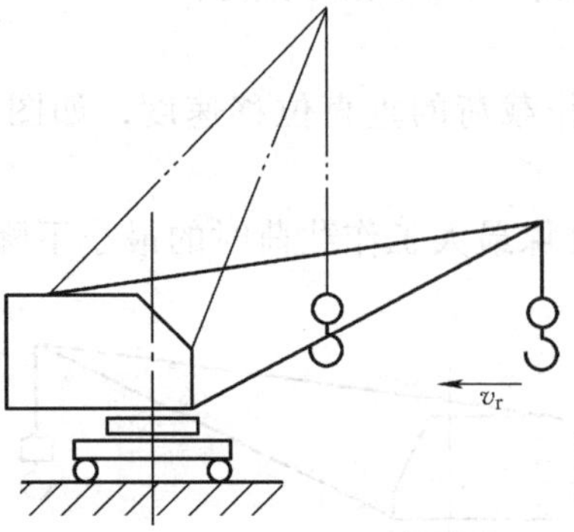

图 6-11 变幅速度

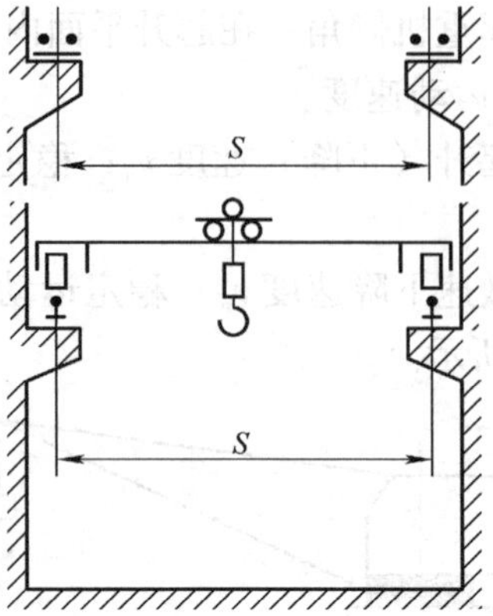

图 6-12 跨度

2. 起重机种类

起重机是一种能在一定范围内垂直起升和水平移动物品的机械，动作间歇性和作业循环性是起重机的工作特点。起重机具有多种类型，根据水平运动形式的不同，分为桥架型起重机和臂架型起重机两大类别。此外，还有桥架与臂架综合型的起重机，例如，在装卸桥上装有可旋转臂架的起重机，在冶金桥式起重机上装有可旋转小车等。

（1）桥架型起重机　其特点是以桥形结构作为主要承载构件，取物装置悬挂在可以沿主梁运行的起重小车上。桥架型起重机通过起升机构的升降运动以及小车运行机构和大车运行机构的水平运动，这三个工作机构的组合运动，在矩形三维空间内完成物料搬运作业。这类起重机应用于车间、仓库、露天堆场等处。桥架型起重机根据结构不同还可以分为桥式起重机和门式起重机。

1）桥式起重机。其使用广泛的有单主梁或双主梁桥式起重机，它的主梁和两个端梁组成桥架，整个起重机直接运行在建筑物高架结构的轨道上，如图 6-13 所示。最简单的是梁式起重机，采用电动葫芦在工字钢梁或其他简单梁上运行。

2）门式起重机。又被称为带腿的桥式起重机。其主梁通过支撑在地面轨道上的两个刚性支腿或刚性-柔性支腿，形成一个可横跨铁路轨道或货场的门架，外伸到支腿外侧的主梁悬臂部分可扩大作业面积，如图 6-14 所示。门式起重机有时制造成单支腿的半门式起重机。装卸桥是专门用于装卸作业的门式起重机，见图 6-15，主要用在供货站、港口等部门，进行散粒物料的堆取，其特点是小车运行速度大、跨度大（一般为 60～90m 以上），生产率高（可达 500～1000t/h 或更高）。集装箱门式起重机是 20 世纪 80 年代发展起来的机种，是专门用来进行集装箱的堆垛和装卸作业的门式起重机，如装卸船上集装箱的门式起重机，如图 6-16 所示。

（2）缆索型起重机　主要是指常用的缆索起重机，它适用于跨度大、地形复杂的货场、水库或工地作业，如图 6-17 所示。由于其跨度大，固定在两个塔架顶部的缆索取代了桥形主梁。悬挂在起重小车上的取物装置被牵引索高速牵引，沿承载索往返运行，两塔架分别在相距较远的两岸轨道上，可以低速运行。

a)

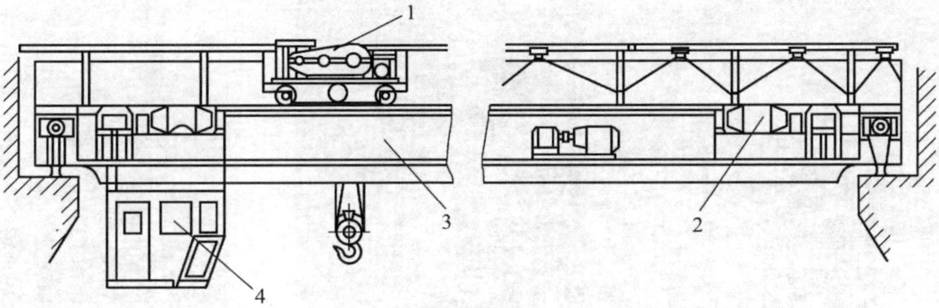

b)

图6-13　桥式起重机

1—起重小车　2—桥架运行机构　3—桥架金属结构　4—电器控制设备

a)

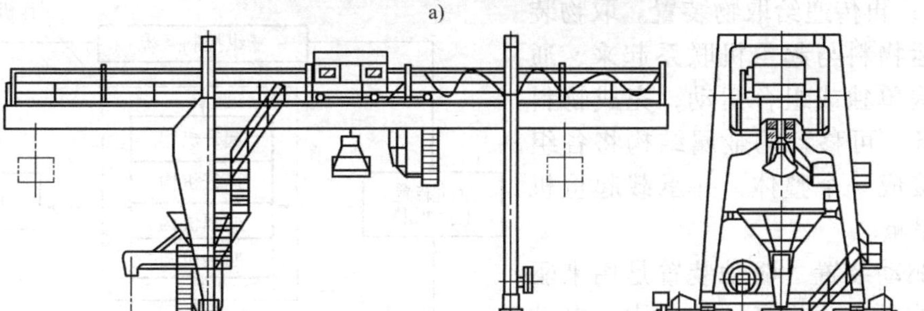

b)

图6-14　门式起重机

图 6-15　装卸桥

图 6-16　卸船机

图 6-17　缆索型起重机

（3）臂架型起重机　臂架型起重机分为两类：

1）运行臂架式旋转起重机。例如门座起重机、浮式起重机、塔式起重机、汽车和轮胎式起重机及履带式起重机等。

2）固定臂架式起重机。例如悬臂起重机、桅杆起重机等。

3. 起重机的基本构造

起重机械由驱动装置、工作机构、取物装置、操纵控制系统和金属结构组成，如图 6-18 所示。通过对控制系统的操纵，驱动装置将输入的动力能量转变为机械能（即适宜的力或运动速度），再传递给取物装置。取物装置将被搬运物料与起重机联系起来，通过工作机构单独或组合运动，完成物料的搬运任务。可移动的金属结构将各组成部分连接成一个整体，并承载起重机的自重和吊重。

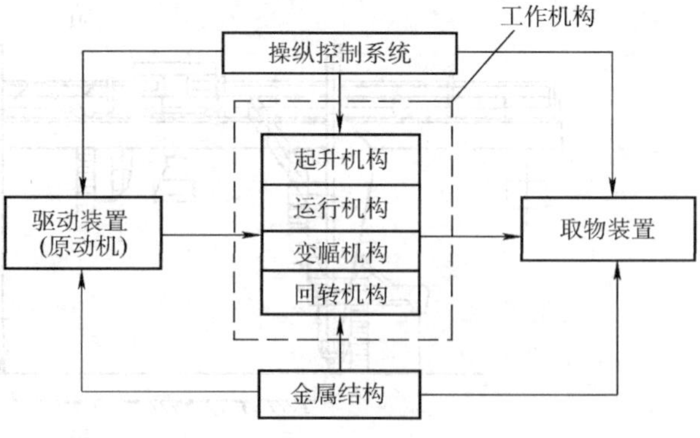

图 6-18　起重机的基本构造

（1）驱动装置　驱动装置是用来驱动工作机构的动力设备，如人力、电动机、内燃机等。

（2）工作机构　工作机构包括：起升机构、运行机构、变幅机构和旋转机构，被称为起重机的四大机构。

1）起升机构。是用来实现物料的垂直升降的机构，是由驱动装置、传动装置、制动装置和取物缠绕装置组成。

2）运行机构。是通过起重机或起重小车运行来实现水平搬运物料的机构，是由驱动装置、传动装置、制动装置和车轮装置组成。

3）变幅机构。是臂架起重机特有的工作机构，由驱动装置、传动装置、制动装置和变幅装置组成。

4）回转机构。是使臂架绕着起重机的垂直轴线作回转运动、在环形空间内移动物料的机构，是由驱动装置、传动装置、制动装置和旋转装置组成。

（3）取物装置　取物装置是通过吊、抓、吸、夹、托或其他方式，将物料与起重机联系起来进行物料吊运的装置，如吊钩、抓斗、电磁吸盘及专用吊具等。

（4）金属结构　金属结构是以金属材料轧制的型（如角钢、槽钢、工字钢、钢管等）和钢板作为基本构件，通过焊接、铆接、螺栓联接等方法，按一定的组成规则连接，承受起重机的自重和载荷的钢结构。

（5）控制操纵系统　通过电气、液压系统控制操纵起重机各机构及整机的运动，进行各种起重作业。

三、任务实施

1. 起重作业现场布置

起重作业的施工现场布置与使用的起重设备、起重作业的方法和起重作业的安全性均有着密切的联系。布置施工现场时应考虑以下内容：

1）施工现场的布置应以尽量减少吊运距离与装卸次数为原则。

2）应考虑设备的运输、拼装、吊运位置。

3）根据扒杆垂直起吊特点，应合理的选择扒杆竖立、移动、拆除位置和卷扬机的安装位置。

4）选定流动式起重机的合适吊装位置，使其能变幅、旋转、升高，顺利完成吊装作业。

5）整个作业现场的布置必须考虑施工的安全和司索、指挥人员的安全位置及与周围物体的安全距离。

6）在易燃易爆区内作业时，应遵守有关安全规定。

2. 起重设备的配备

1）根据吊运物体重量配备起重机设备，其额定起重能力必须大于物件的重量并留有一定的余量。有变幅功能的起重机在吊运物件时，此幅度的起重能力必须大于物件的重量。

2）根据吊运物件的高度及物件需越过障碍物的总高度（如安全规程要求的高度），合理配备起重设备，以满足吊运高度的要求。

3）根据作业环境的综合情况，配备不同种类的起重机。

4）根据吊运物体结构及特殊要求配备起重设备，并严格遵守安全技术操作规程。例如：两台或多台起重机吊运同一重物时，钢丝绳应保持垂直，各台起重机的升降运行应保持同步，各起重机所承受的载荷均不得超过各自额定起重能力的80%。

课题七　起重作业安全技术操作规程

技能点

- 熟练掌握起重作业安全操作规程。

知识点

- 起重指挥人员安全技术操作规程。
- 起重司索人员安全技术操作规程。
- 电动葫芦安全技术操作规程。
- 卷扬机安全技术操作规程。
- 桥式起重机安全技术操作规程。
- 车辆装载安全技术操作规程。
- 手拉葫芦安全技术操作规程。
- 流动式起重机安全技术操作规程。
- 塔式起重机安全技术操作规程。

安全要点

- 不允许违反安全操作规程进行起重作业。

一、任务分析

起重作业是一项技术性强，危险性大，多工种人员相互配合，互相协调的特殊工种作业，所以起重作业过程中必须严格遵守安全技术操作规程，否则容易酿成重大事故。

二、相关专业知识

1. 起重指挥人员安全技术操作规程

1）吊运指挥人员必须年满18周岁（含18周岁），视力（包括矫正视力）在0.8以上，无色盲症，听力能满足工作条件的要求，身体健康者。

2）指挥人员必须经安全技术培训及劳动部门考核合格，并发给安全技术操作证后，方可从事指挥。

3）指挥人员必须严格执行GB 5082—1985标准，与起重机司机联络时做到准确无误。

4）指挥人员应熟知GB 6067—1985《起重机械安全规程》和LD48—1993《起重机械吊具与索具安全规程》。

5）指挥人员必须在熟悉所指挥的起重机械的技术性能后方可指挥。

6）指挥人员不能干涉起重机司机对手柄或旋钮的选择。

7）负责载荷的重量计算和索具吊具的正确选择。

8）指挥人员负责对可能出现的事故采取必要的防范措施。

9）指挥人员应佩戴鲜明的标志和特殊颜色的安全帽。

10）指挥人员在发出吊钩或负载下降信号时，应有保护负载降落地点的人身、设备安全措施。

11）在开始指挥起吊负载时，用微动信号指挥；待负载离开地面100~200mm时，停止起升，进行试吊，确认安全可靠后，方可用正常起升信号指挥重物上升。

12）指挥起重机在雨、雪天气作业时，应先经过试吊，检验制动器灵敏可靠后，方可进行正常的起吊作业。

13）在高处指挥时，指挥人员应严格遵守高处作业安全要求。

14）指挥人员选择指挥位置时

①应保证与起重机司机之间视线清楚。

②在所指定的区域内，应能清楚地看到负载。

③指挥人员应与被吊运物体保持安全距离。

④当指挥人员不能同时看见起重机司机和负载时，应站到能看见起重机司机的一侧，并增设中间指挥人员传递信号。

2. 起重司索人员安全技术操作规程

1）合理穿戴好劳保用品

①工作服的袖口、下襟扣必须系好，严禁穿短裤和裙子在现场操作。

②操作者必须戴安全帽及手套。

③必须穿好劳保鞋。

2）工作前，应检查吊具、工具、索具是否完好可靠，不准超负荷使用。

3）起升吊重物前，应检查连接点是否牢固可靠。

4）仔细检查所用绳索、链条及吊具是否完好无缺。达到下列程度的吊具、绳索和链条不准使用

①链条的链环直径磨损5%。

②链条的链环已拉直变形。

③链条的链环已有裂纹。

④钢丝绳折断钢丝超过规定的根数。

⑤钢丝绳被烧坏或断了一股。

⑥钢丝绳表面的钢丝磨损、腐蚀达钢丝直径40%以上时。

⑦带有裂纹、磨损、锈蚀的吊具。

5）在起吊前，必须明确吊物的重量，吊物的重量要符合起重设备和吊具的负重量。如果对吊挂物的重量不清楚，不准盲目吊挂。禁止超负荷起吊。

6）所选择的起重工具，必须适合吊物重量。绳索与链子的长短和粗细应符合要求。分绳间角度不大于120°。

7）在捆结、起吊重物时，必须遵守下列安全条例

①工作时要戴手套。

②不准使用端头散开的绳索。如绳索的端头已散开，必须用钢丝扎紧。

③禁止用手去校正被重物张紧的绳索和链条。

④在移动、捆结绳索及链条时，不得将手或手指放在重物下面。

⑤人不准在吊起的重物下面停留或通过，如图 7-1 所示。

8）必须使天车的吊钩（或其他吊具）对准起吊重物；禁止歪拉斜吊和用天车吊拔埋在地下的重物；禁止在吊车及吊钩运动着的时候进行吊挂。

9）起吊的重物必须捆结牢固，重心要正，受力要平衡，钢索不准绕结和扭歪。

10）捆结带有锐边的对象时，要用木板、棉麻织物或其他软东西垫好。

11）如果起吊对象的捆绑处有油污，应擦净。

12）在往吊钩上挂起吊对象的捆扎绳索及链条时，不准用锤子或其他工具敲击已经挂在吊钩上的捆扎好重物的绳索和链子，不允许受到强烈的冲击。

13）如使用杠梁（吊横梁）起吊对象，在捆扎及悬挂重物后，重量必须平衡的分布在吊横梁的两端。

14）捆扎重物后，如果链子或绳子还余一段，则必须把他绕在吊钩上，不得脱落。

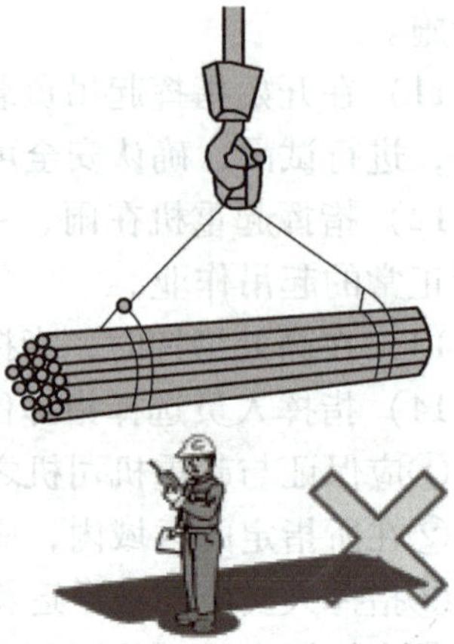

图 7-1　人不准在吊起的重物下面停留

15）起吊重物上的附件不牢靠时，必须在重物吊起来之前取下来，或加以坚固。

16）操作卷扬机要做到：信号不明、钢丝绳跑偏、超负荷、制动不灵不开车。货物要保持直线进行，在卸车或下坡时应加保险绳。

17）起重工必须按照统一规定的手势信号指挥。多人工作时，要由专人负责指挥，起吊时应通知附近其他人员离开被吊重物。

18）重物被吊起 100～200mm 高时，起重工应发出停止信号，检查对象的捆扎情况，确认安全可靠后，才可发出继续起吊信号。

19）把重物吊起在水平方向移动时，重物应离开其移动空间上的设备、工位器具或建筑物。

20）当重物在水平方向移动时，起重工应跟在吊起的重物后面，并在任何情况下都能观察到重物移动路线上的情况，并时刻注意，不准吊起重物在人头上停留和经过。

21）不允许用起重机械吊人，不允许用人的力量来平衡重物，如图 7-2 所示。

22）起重工应使重物落放到妥当平坦的地点，以免发生翻倒事故。禁止将重物落放在各种管道、电缆上以及不坚固的盖板上。

23）在重物降落之前，应预先放好垫木，以便绳索或链条能顺利地从重物下抽出来。

24）在起吊重物就位固定前，起重工不得离开工作岗位，不准在索具受力或吊物悬空的情况下中断工作。

图 7-2　不允许用起重机械吊人

25）重物悬空时，人禁止在吊物或吊臂下停留或通过，在卷扬机、滑轮前及牵引钢丝绳边不准站人。

26）装卸时，应做到轻装轻放，重不压轻，大不压小，堆放平稳，捆扎牢固。

27）堆放零件不可歪斜，高度要适当，对易滑动件要用木块垫塞。不准使对象堵塞通道。

28）起吊装箱件时，应先检查箱体底脚是否牢固完好，按吊线标志吊挂，并经试吊确认稳妥后方能起吊。

29）在高栏板车厢及火车装卸货物时，起重驾驶员无法看清车厢内的指挥信号时，应设中间指挥，正确传递信号。

30）遇到暴雨、雷电、大雾或六级以上大风的天气时，严禁进行露天起重、搬运。

31）箱子或零件码放超高不许挂钩吊运。

32）工作结束切断电源，摘下钢丝绳、清理现场，填写交班日志。

3. 电动葫芦安全技术操作规程

1）操作前，认真检查电动葫芦的安全装置、钢丝绳、吊具及绑扎方法和电器是否符合运行安全要求。

2）不得超负载使用，上升时不准撞限位装置。起升时手不准握在绳索与物件之间。

3）使用拖挂线电气开关启动时，要求拖挂线绝缘必须良好，操作者注意站立位置。

4）发现运转不正常时，立即停车并通知检修人员检修，不得“带病”运行。

5）手动开关，电气元件应经常检查。非电气人员禁止擅自修理电器。

6）单轨电动葫芦在轨道转弯处或接近转道尽头时，必须减速运行。

7）电动葫芦在露天工作时，应有防雨、防雪设施。

8）工作完毕后，必须把电源总闸拉开，切断电源，清理工作现场。

9）起吊重物，必须严格遵守起重司索人员的安全操作规程，严禁斜吊斜拉，物件捆绑应牢固可靠。

4. 卷扬机安全技术操作规程

1）安装时，基座必须平衡牢固，并设置可靠的地锚，搭设工作棚，操作人员的位置应能看清指挥人员和起吊的物件。

2）作业前检查卷扬机与地面固定情况，防护设施、电气线路、制动装置和钢丝绳等全部合格后方可使用。

3）皮带和开式齿轮传动的部分，均需装设防护罩，导向滑轮不得用开口拉板式滑轮。

4）动力正反转卷扬机，卷筒旋转方向应和操纵开关上指示的方向一致。

5）从卷筒中心线到第一个导向滑轮的距离，带槽卷筒应大于卷筒宽度的15倍，无槽卷筒应大于卷筒宽度的20倍。当钢丝绳在卷筒中间位置时，滑轮的位置应与卷筒轴心垂直。

6）在卷扬机制动操纵杆的行程范围内不得有障碍物。

7）卷筒上的钢丝绳应排列整齐，如发现重叠或斜绕时，应停机重新排列。严禁在转动中用手、脚拉、踩钢丝绳。

8）作业中任何人不得跨越正在作业的卷扬机。休息时物件或吊笼应降至地面。物件提升后，操作人员不得离开卷扬机。

9）作业中如遇停电，应切断电源，将提升物件降至地面。

10）露天作业的卷扬机其电动机上应设置防雪雨罩。

11）作业结束后，应将总电源开关切断，并根据要求清理现场和保养卷扬机及各部件。

5. 桥式起重机安全技术操作规程

1）桥式起重机司机必须经劳动部门培训，考核合格，并持有操作证者方能独立操作。

2）开机前应认真检查机械设备、电器和防护保险装置是否完好、可靠。如控制器、制动器、限制器、电铃、紧急开关等主要附件失灵，严禁吊运。

3）起重机的明显部位，必须挂有清晰可见的额定起重量标牌。

4）起重机禁止超负荷使用。

5）必须垂直起升重物，禁止斜拉斜吊。

6）起重机司机除服从指挥人员发出指挥信号外，任何人发出的停机信号，都必须立即停机。

7）起重机司机必须在接到指挥信号时方能操作，起重机起动前应先鸣铃。

8）当接近卷扬限位器，大小车临近终端或与邻近起重机相遇时，速度要放慢。禁止用倒车代替制动，限位器代替停车，紧急开关代替普通开关。

9）工作停歇时，不得将重物悬在空中停留。运行中，地面有人或落放吊件时应鸣铃警告。严禁吊物在人头上越过。

10）两台或多台起重机吊运同一重物时，钢丝绳应保持垂直；各台起重机的升降运行保持同步，各台起重机所承载荷均不得超过各自额定起重能力80%。

11）禁止起吊埋在地下或凝结在地面、设备上的重物，禁止用吊具（吊钩，抓斗等）拖拉车辆。

12）禁止吊具（抓斗、起重电磁铁）与人同在一个车厢或船舱内装卸物料。

13）起重机工作中，禁止任何人停留在起重机上或起重机轨道上。

14）吊运重物应在安全通道内运行。在没有障碍的路线上运行时，吊具或重物的底面必须离开地面2m以上。

15）在运行线路上，需要越过障碍物时，吊具或重物的底面比障碍物高0.5m以上。

16）禁止利用起重机吊具运送或起升人员。

17）起升液态金属、有害液体或重要物品时，不论重量多少，均必须先起升200～300mm，验证制动器灵敏可靠后，再正式起升。

18）禁止从起重机上向地面抛掷物品。

19）露天工作的起重机和装卸桥，在风力为六级或六级以上时，禁止作业。

20）在起重机上进行检查维修时，起重机必须断电，并在电源开关处挂上“不准送电”的牌子。多机共用同一电源时，应挂在该起重机的保护配电箱的电源开关上，并应在被修理的起重机两侧设置临时护栏、标志牌或信号灯，必要时设专人监护和指挥，以防邻机碰撞。

21）每年至少一次对起重机进行全面技术检查工作。

22）严格遵守起重机“十不吊”：

①指挥信号不明或违章指挥不吊。

②超负荷不吊。

③工件或物件紧固不牢不吊。

④吊物上面有人不吊。

⑤安全装置不灵不吊。

⑥工件埋在地下不吊。

⑦光线阴暗视线不清不吊。

⑧斜拉工件不吊。

⑨棱角物件没有防护措施不吊。

⑩钢液包过满不吊。

6. 车辆装载安全技术操作规程

1）用机动车辆装载货物时，不得超载、超高、超长、超宽，如遇必须运送超宽、超高、超长物件时，除严格遵守交通部门有关规定外，还须确定妥善的运输方法和安全措施。

2）装载物要捆绑稳固牢靠，圆筒形物件卧倒装运时必须采取防止滚动的措施。

3）装车时，不得人货混装。随车人员要注意站立位置，不得在货物之间或货物与前车厢板间隙内，严禁攀爬或坐卧在货物上面。

4）易燃易爆化学危险物品严禁与其他货物混装，要轻搬轻放。搬运场地禁止吸烟。

5）装卸时，应根据吊位变化，注意站立位置，严禁在吊物下操作。

6）铁路车辆装运物件，不得超过车厢允许高度和宽度。铁路两侧1.5m范围以内，不得堆放装卸物件，不得在车辆底下或顶上休息。

7）在高栏车厢装卸货物时，起重机司机无法看清车厢内的指挥信号时，应设中间指挥，正确传递信号。

7. 手拉葫芦安全技术操作规程

1）使用前应仔细检查吊钩、链条、钢丝绳、轮轴及制动器等是否良好，传动部分是否灵活，并在传动部分加润滑油。

2）不得超载使用。拉链人数应根据葫芦起重能力的大小而定，如拉不动时，应检查葫芦是否损坏，严禁增加拉链人数。

3）葫芦吊挂必须牢固可靠，使用时应先反拉手链，将起重链倒松，使其有最大的起重距离。

4）起吊时，应先缓慢升起，待链条张紧后，检查葫芦各部有无变化，当确认无误后，方能继续作业。

5）起吊物件时，除操作葫芦的人员外，其他人员不得靠近被起吊物件。

6）起吊物件，必须捆绑牢固可靠，吊具吊索应在允许负荷范围内。

7）用两个葫芦同时起吊一件重物时，必须有专人指挥，负荷应均匀分担，操作人员动作要协调一致。

8）放下物件时，必须缓慢轻放，不允许自由落下。

9）使用完毕后，应将葫芦上的污物擦净，防止生锈，严重腐蚀、断痕、裂纹及磨损的链条，应按链条的报废标准，予以更新。

8. 流动式起重机安全技术操作规程

1）起重机司机必须经过安全技术培训，经劳动部门考核合格，并发给安全技术操作合格证后，方准单独操作。严禁无证人员单独动用起重机。

2）起重机作业时，应有足够的工作场地，起重臂杆起落及回转半径内无障碍物。

3）作业前，必须对工作现场环境、行驶道路、架空电线、建筑物以及构件重量和分布等情况进行全面了解，如图7-3所示。

4）操作人员在进行起重机回转、变幅、行走和吊钩升降等动作前，应鸣声示意。

5）司机室远离地面的起重机在正常指挥发生困难时，可设中间传递信号指挥人员，或采取其他有效联系办法进行指挥。

6）起重臂下，吊钩和被吊重物下面严禁任何人停留。

7）不得超载起吊不明重量的物件。

8）使用两台起重机同时起吊一台重物时，必须有专人统一指挥；两车升降速度要保持相同，其物件的重量不得超过两车所允许的起重量总和的75%；绑扎吊索时要注意负荷分配，每车分担的负荷不能超过所允许的最大起重量的80%。

9）在进行满负荷或接近满负荷起吊时，禁止同时进行两种或两种以上的操作动作。

10）严禁使用起重机进行斜拉、斜吊和起吊地下埋设或凝结在地面上的重物。现场浇注的混凝土构件或模板，必须全部松动后方可起吊，如图7-4所示。

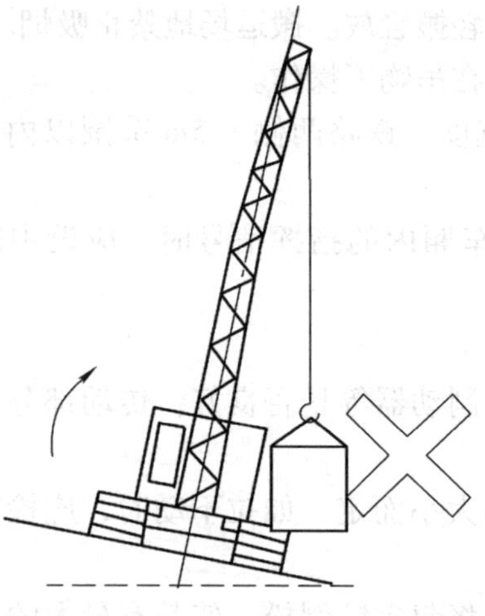
图7-3　行使道路对起重作业的影响

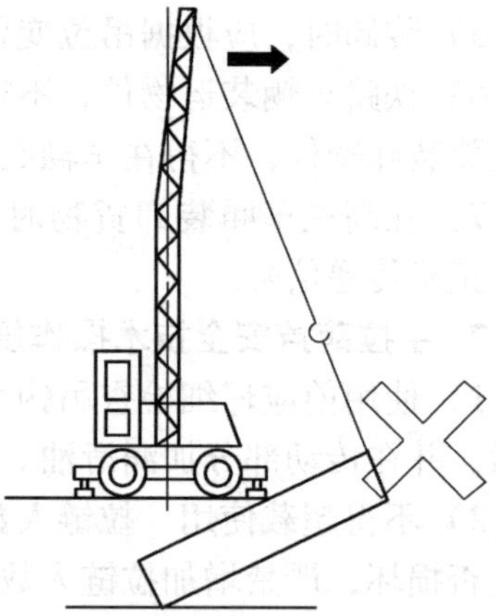
图7-4　严禁斜拉、斜吊

11）起重机在起吊满负荷或接近满负荷时，应先将重物吊起离地面10cm左右停止提升并检查起重机的稳定性、制动器的可靠性、绑扎的牢固性，确认无误后方可提升。对于有可能晃动的重物，必须拴拉绳。

12）起重机不应靠近架空输电线路作业，如遇特殊情况，必须在线路近旁作业时，应采取安全保护措施。起重机与架空输电导线的安全距离不得小于表7-1的规定。

表7-1　起重机与架空输电导线的安全距离　（单位：m）

输电导线电压/kV	<1	1~15	20~40	60~110	220
允许沿输电导线垂直方向最近距离	1.5	3	4	5	6
允许沿输电导线水平方向最近距离	1	1.5	2	4	6

13）起重机在输电线下面通过时，应先将起重臂放下。

14）起重机工作时，不得进行检修或调整机件。

15）遇六级以上大风或大雨、大雪、大雾等恶劣天气时，应停止起重机露天作业。

16）对任何人发出的紧急停止信号必须立即停车，待消除不安全因素后方可继续工作。

17）停工或休息时，不得将吊物悬挂在空中。夜间作业要有足够的照明。

18）工作完毕，吊钩和起重臂应放在规定的稳妥位置，所有控制手柄应放在零位。

9. 塔式起重机安全技术操作规程

1）起重机必须安装运行、变幅、吊钩高度等限位器和力矩限制器等安全装置，并保证灵敏可靠。对有升降式司机室的起重机，断绳保护装置必须可靠。

2）起重机专用的临时配电箱，宜设置在轨道中部附近，电源开关应合乎规定要求。电缆卷筒应运转灵活，安全可靠，不得拖缆。

3）检查轨道平直、无沉陷、轨道螺栓无松动，排除轨道上的障碍物，松开夹轨器并向上固定好。

4）作业前重点检查：

①机构结构的外观情况，各传动机构应正常。

②各齿轮箱、液压油箱的油位应符合标准。

③主要部位联接螺栓不得松动。

④钢丝绳磨损情况及缠绕滑轮应符合规定。

⑤供电电缆应无破损。

⑥查看前一班作业的各种记录（如履历书，登记表，安全记录等），发现问题及时做出处理。

⑦与指挥人员约定好指挥信号的种类及相关事宜。

⑧开始操作时，先鸣号发出警示，提醒注意。

5）吊钩提升接近臂杆顶部，小车行至端点或起重机行车接近轨道端部时，应减速缓行至停止位置。吊钩距臂杆顶部不得小于1m，起重机距轨道端部不得小于2m。

6）动臂式起重机的起重、回转、运行三种动作可以同时进行，但变幅只能单独进行。每次变幅后应对变幅部位进行检查。允许带载的变幅在满载荷或接近满载时，不得变幅。

7）提升重物后，严禁自由下降。重物就位时，可用微动机构或使用制动器使之缓慢下降。

8）提升的重物平稳后，在跨越障碍物时，重物底部应高出其跨越障碍物0.5m以上。

9）两台起重机同在一条轨道上或相近轨道上进行作业时，应保持两机之间任何接近部位（包括吊起的重物）距离不得小于5m。

10）严禁在弯道上进行吊装作业或吊重物转弯。

11）起吊时不准用吊钩直接吊绕重物，必须用索具或专用器具。

12）细长易燃的物品，要捆扎两道以上，并且要有两个吊点。在吊运过程中，吊运的物品应保持水平，不准偏斜，更不能使长度方向朝下，以免在吊运过程中，重物由于自重或振动等原因从捆绑中滑落，发生事故。

13）不得在起吊的重物上再连挂其他重物，以免吊索具超载，破坏原来的捆扎方式，或发生扯、刮、连、带现象。

14）吊运零散物品，要用网、篮或其他容器盛装，不可用绳索捆扎。

15）外形大或长的物体要有拽绳，以防止摆动，拽绳应在被吊物体的两端各设一个。

16）严禁将不同种类或不同规格型号的索具混在一起使用。

17）严禁超载起吊。不能起吊与其他重物相连、埋在地下，或与地面和其他物体冻结在一起的以及各种不明重量的重物。

18）各种塔式起重机，禁止在非工作风力下作业。一般的塔式起重机规定六级以上，风速为 11～13m/s，风压约 105N/m^2 的情况为非工作风力，如图 7-5 所示。

19）禁止无操作合格证人员操作。

20）作业后，起重机应停放在轨道中间位置，臂杆应转到顺风方向，并放松回转控制器。小车及平衡重应移到非工作状态位置。吊钩提升到离臂杆顶端 2～3m 处。

21）锁紧夹轨器，使起重机与轨道固定，如遇八级大风时，应另拉缆绳与地锚或建筑物固定。

22）有电梯装置的塔式起重机，应将电梯升到 10m 左右，防止外人进出。

23）任何人上塔帽、吊臂、平衡臂的高空部位检查或修理时，必须佩戴安全带。

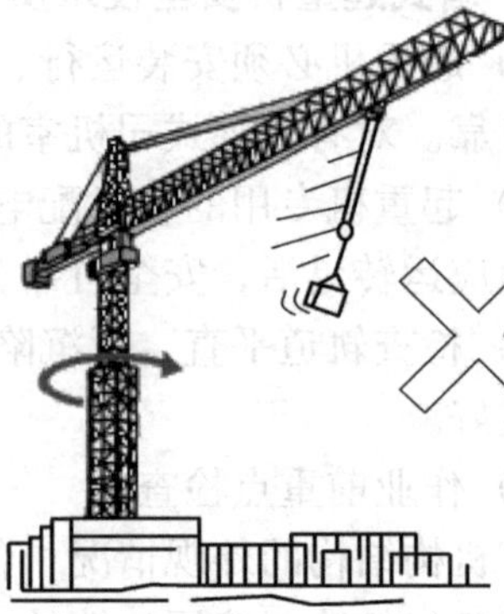

图 7-5　禁止在非工作风力下作业

课题八　起重吊运指挥信号

技能点

- 指挥人员应能准确地根据 GB 5082—1985 规定的指挥信号指挥。

知识点

- 起重指挥信号（摘自 GB 5082—1985）。

安全要点

- 起重指挥信号必须清晰、准确。

一、任务分析

GB 5082—1985《起重吊运指挥信号》中对现场指挥人员和起重机司机所使用的基本信号和有关安全技术作了统一规定，如图 8-1 所示。

本标准适用于以下类型的起重机械：桥式起重机（包括冶金起重机）、门式起重机、装卸桥、缆索起重机、塔式起重机、门座起重机、汽车起重机、轮胎起重机、铁路起重机、履带起重机、浮式起重机、桅杆起重机、船用起重机等。

图 8-1　起重指挥作业

二、相关专业知识

1）通用手势信号。指各种类型的起重机在起重吊运中普遍适用的指挥手势。

2）专用手势信号。指具有特殊的起升、变幅、回转机构的起重机单独使用的指挥手势。

3）吊钩（包括吊环、电磁吸盘、抓斗等）。指空钩以及负有载荷的吊钩。

4）起重机“前进”或“后退”。“前进”指起重机向指挥人员开来；“后退”指起重机离开指挥人员。前、后、左、右在指挥语言中，均以司机所在位置为基准。

5）音响符号：

①“——”表示大于一秒钟的长声符号。

②“●”表示小于一秒钟的短声符号。

③“○”表示停顿的符号。

三、任务实施

1. 指挥人员使用的手势信号

（1）通用手势信号

1）“预备”（注意）。手臂伸直，置于头上方，五指自然伸开，手心朝前保持不动，如图 8-2 所示。

2）“要主钩”。单手自然握拳，置于头上，轻触头顶，如图 8-3 所示。

图 8-2　预备

图 8-3　要主钩

3）“要副钩”。一只手握拳，小臂向上不动，另一只手伸出，手心轻触前只手的肘关节，如图 8-4 所示。

4）“吊钩上升”。小臂向侧上方伸直，五指自然伸开，高于肩部，以腕部为轴转动，如图 8-5 所示。

图 8-4　要副钩

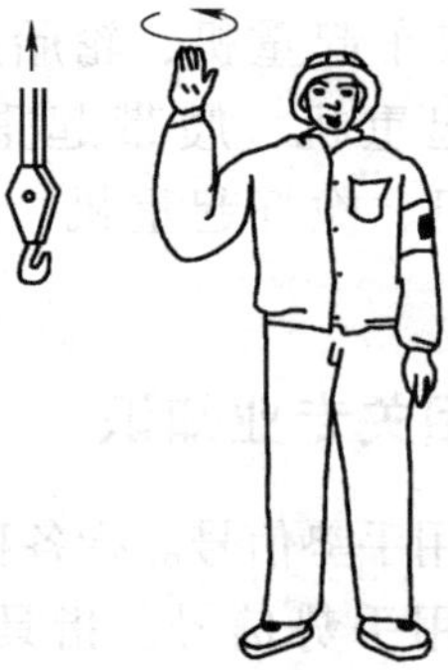

图 8-5　吊钩上升

5）“吊钩下降”。手臂伸向侧前下方，与身体夹角约为 30°，五指自然伸开，以腕部为轴转动，如图 8-6 所示。

6）“吊钩水平移动”。小臂向侧上方伸直，五指并拢手心朝外，朝负载应运行的方向，向下挥动到与肩相平的位置，如图 8-7 所示。

7）“吊钩微微上升”。小臂伸向侧前上方，手心朝上高于肩部，以腕部为轴，重复向上摆动手掌，如图 8-8 所示。

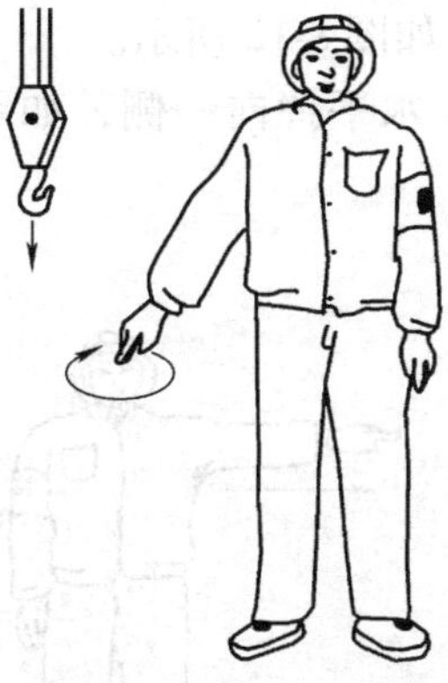

图 8-6 吊钩下降

图 8-7 吊钩水平移动

8）“吊钩微微下降”。手臂伸向侧前下方，与身体夹角约为30°，手心朝下，以腕部为轴，重复向下摆动手掌，如图 8-9 所示。

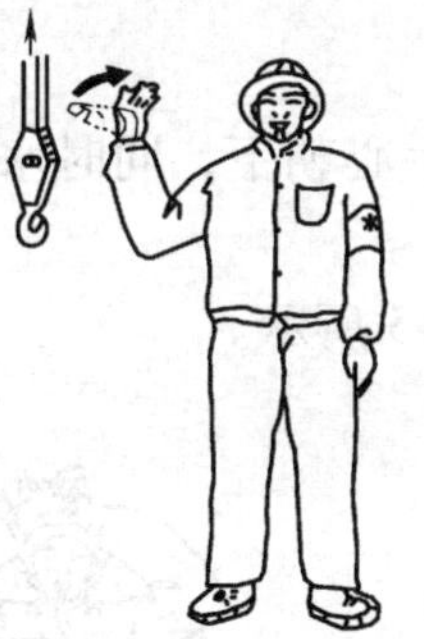

图 8-8 吊钩微微上升

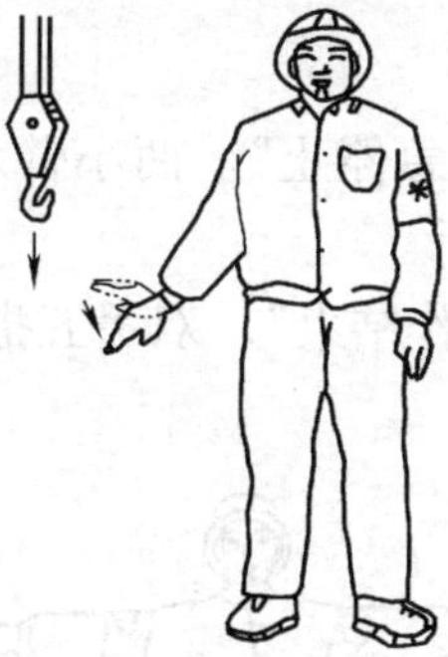

图 8-9 吊钩微微下降

9）“吊钩水平微微移动”。小臂向侧上方自然伸出，五指并拢手心朝外，朝负载应运行的方向，重复做缓慢的水平运动，如图 8-10 所示。

10）“微动范围”。双小臂曲起，伸向一侧，五指伸直，手心相对，其间距与负载所要移动的距离接近，如图 8-11 所示。

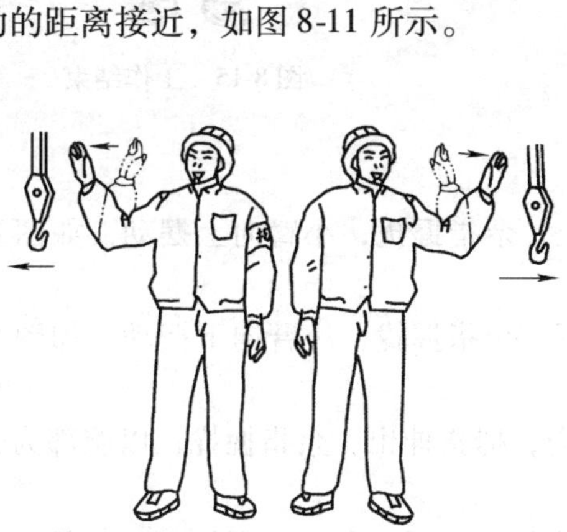

图 8-10 吊钩水平微微移动

图 8-11 微动范围

11）“指示降落方位”。五指伸直，指出负载应降落的位置，如图 8-12 所示。

12）“停止”。小臂水平置于胸前，五指伸开，手心朝下，水平挥向一侧，如图 8-13 所示。

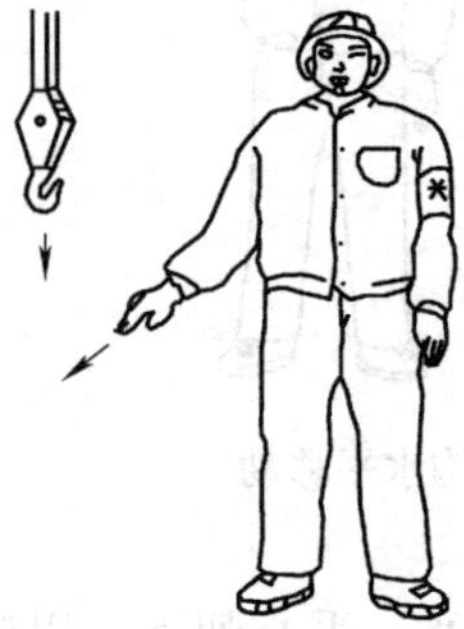

图 8-12　指示降落方位

图 8-13　停止

13）“紧急停止”。两小臂水平置于胸前，五指伸开，手心朝下，同时水平挥向两侧，如图 8-14 所示。

14）“工作结束”。双手五指伸开，在额前交叉，如图 8-15 所示。

图 8-14　紧急停止

图 8-15　工作结束

（2）专用手势信号

1）“升臂”。手臂向一侧水平伸直，拇指朝上，余指握拢，小臂向上摆动，如图 8-16 所示。

2）“降臂”。手臂向一侧水平伸直，拇指朝下，余指握拢，小臂向下摆动，如图 8-17 所示。

3）“转臂”。手臂水平伸直，指向应转臂的方向，拇指伸出，余指握拢，以腕部为轴转动，如图 8-18 所示。

4）“微微升臂”。一只小臂置于胸前一侧，五指伸直，手心朝下，保持不动。另一只手的拇指对着前手手心，余指握拢，做上下移动，如图 8-19 所示。

图 8-16　升臂

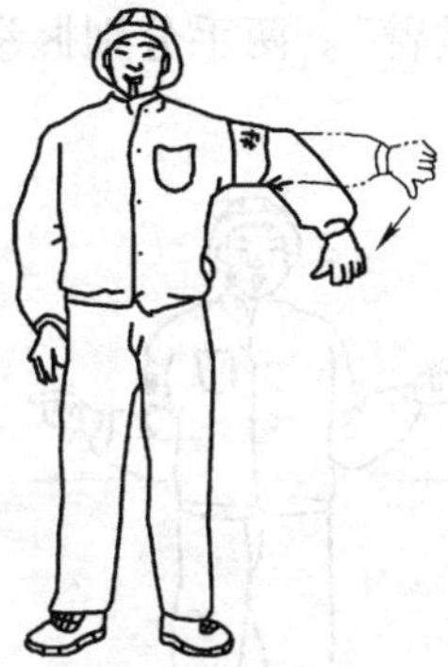

图 8-17　降臂

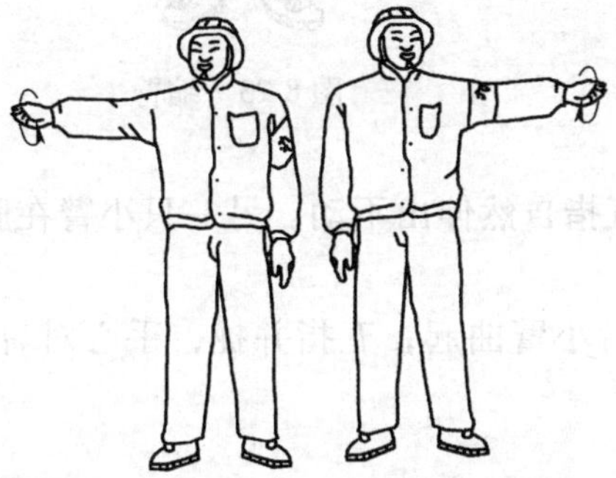

图 8-18　转臂

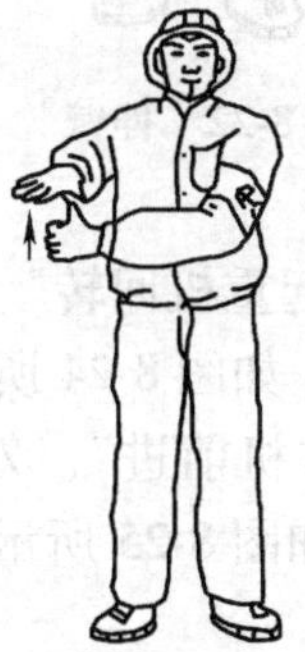

图 8-19　微微升臂

5）“微微降臂”。一只小臂置于胸前的一侧，五指伸直，手心朝上，保持不动，另一只手的拇指对着前手心，余指握拢，做上下移动，如图 8-20 所示。

6）“微微转臂”。一只小臂向前平伸，手心自然朝向内侧。另一只手的拇指指向前只手的手心，余指握拢做转动，如图 8-21 所示。

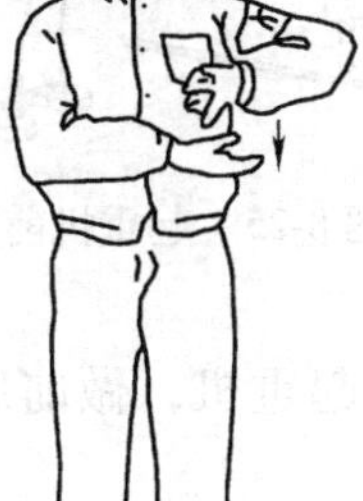

图 8-20　微微降臂

图 8-21　微微转臂

7）“伸臂”。两手分别握拳，拳心朝上，拇指分别指向两则，做相斥运动，如图 8-22 所示。

8）“缩臂”。两手分别握拳，拳心朝下，拇指对指，做相向运动，如图 8-23 所示。

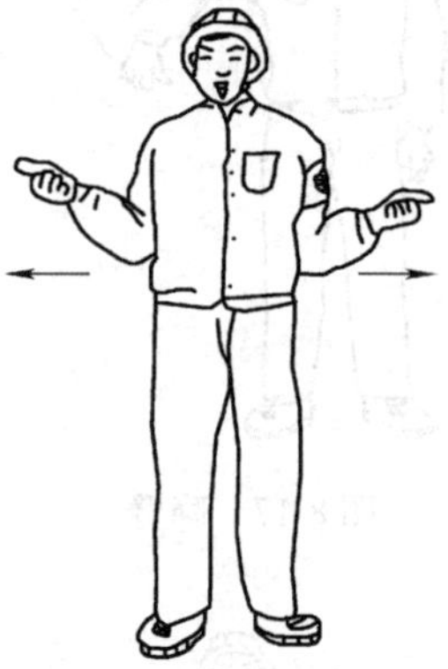

图 8-22　伸臂

图 8-23　缩臂

9）“履带起重机回转”。一只小臂水平前伸，五指自然伸出不动。另一只小臂在胸前作水平重复摆动，如图 8-24 所示。

10）“起重机前进”。双手臂先向前平伸，然后小臂曲起，五指并拢，手心对着自己，做前后运动，如图 8-25 所示。

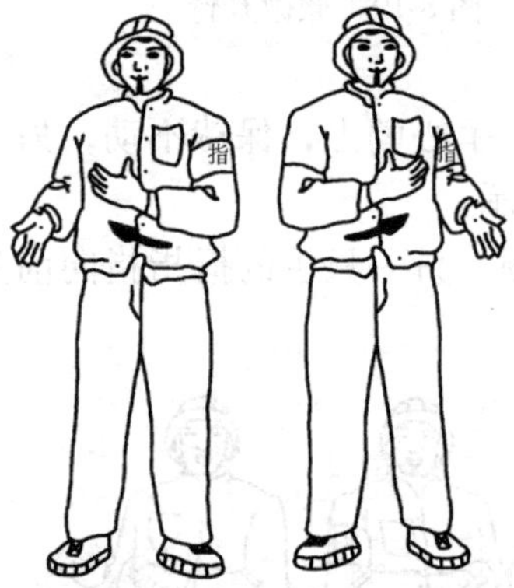

图 8-24　履带起重机回转

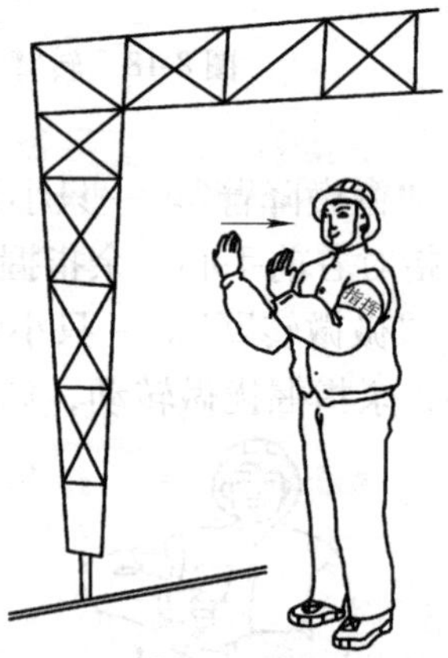

图 8-25　起重机前进

11）“起重机后退”。双小臂向上曲起，五指并拢，手心朝向起重机，做前后运动，如图 8-26 所示。

12）“抓取”（吸取）。两小臂分别置于侧前方，手心相对，由两侧向中间摆动，如图 8-27 所示。

13）“释放”。两小臂分别置于侧前方，手心朝外，两臂分别向两侧摆动，如图 8-28 所示。

14）“翻转”。一小臂向前曲起，手心朝上。另一只手小臂向前伸出，手心朝下，双手同时进行翻转，如图 8-29 所示。

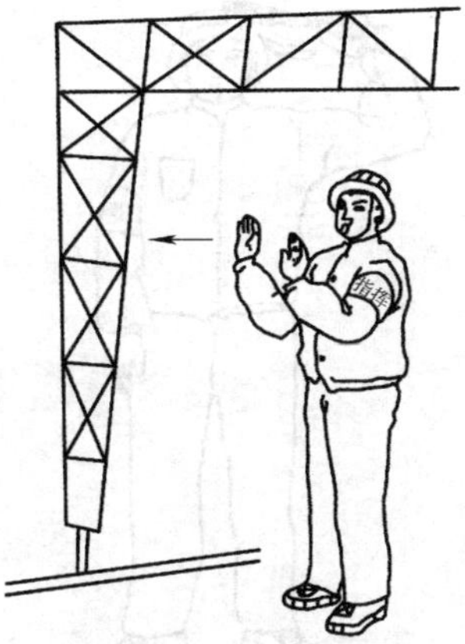

图 8-26　起重机后退

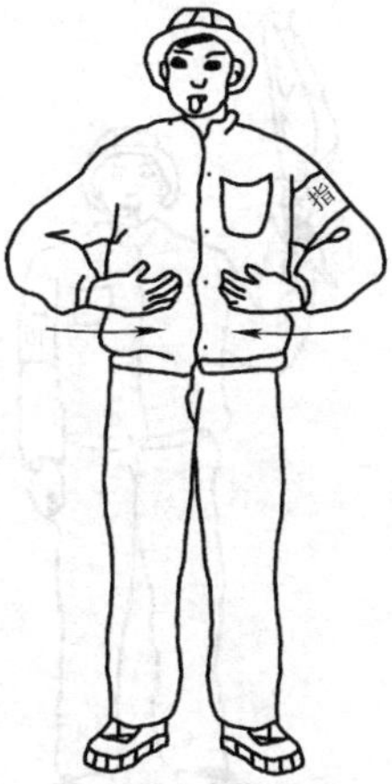

图 8-27　抓取

图 8-28　释放

图 8-29　翻转

2. 指挥人员使用的旗语信号

1）“预备”。单手持红绿旗上举，如图 8-30 所示。

2）“要主钩”。单手持红绿旗，旗头轻触头顶，如图 8-31 所示。

3）“要副钩”。一只手握拳，小臂向上不动，另一只手拢红绿旗，旗头轻触前只手的肘关节，如图 8-32 所示。

4）“吊钩上升”。绿旗上举，红旗自然放下，如图 8-33 所示。

5）“吊钩下降”。绿旗拢起下指，红旗自然放下，如图 8-34 所示。

6）“吊钩微微上升”。绿旗上举，红旗拢起横在绿旗上，互相垂直，如图 8-35 所示。

7）“吊钩微微下降”。绿旗拢起下指，红旗横在绿旗下，互相垂直，如图 8-36 所示。

8）“升臂”。红旗上举，绿旗自然放下，如图 8-37 所示。

9）“降臂”。红旗拢起下指，绿旗自然放下，如图 8-38 所示。

10）“转臂”。红旗拢起，水平指向应转臂的方向，如图 8-39 所示。

11）“微微升臂”。红旗上举，绿旗拢起横在红旗上，互相垂直，如图 8-40 所示。

12）“微微降臂”。红旗拢起下指，绿旗横在红旗下，互相垂直，如图 8-41 所示。

图 8-30　预备

图 8-31　要主钩

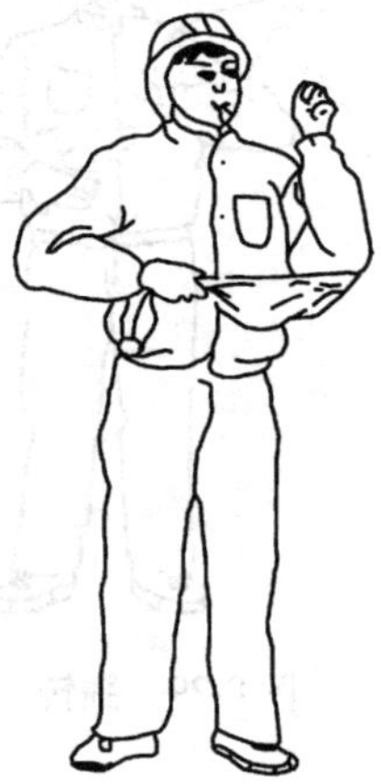

图 8-32　要副钩

图 8-33　吊钩上升

图 8-34　吊钩下降

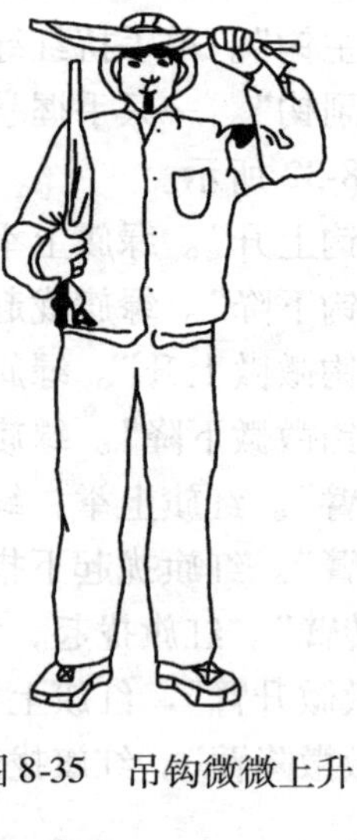

图 8-35　吊钩微微上升

图 8-36　吊钩微微下降

图 8-37　升臂

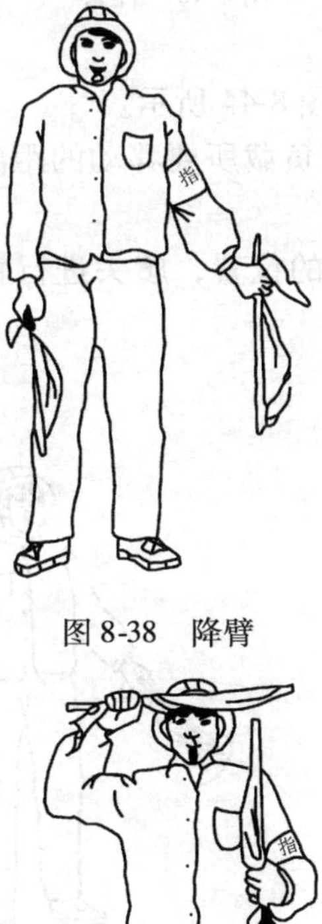

图 8-38　降臂

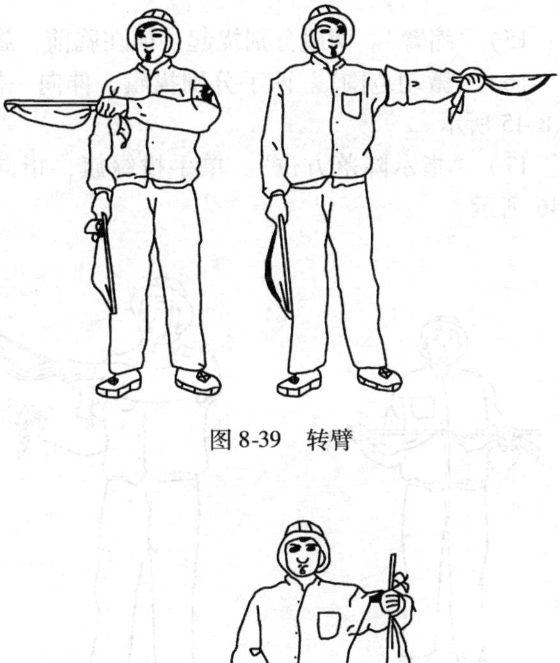

图 8-39　转臂

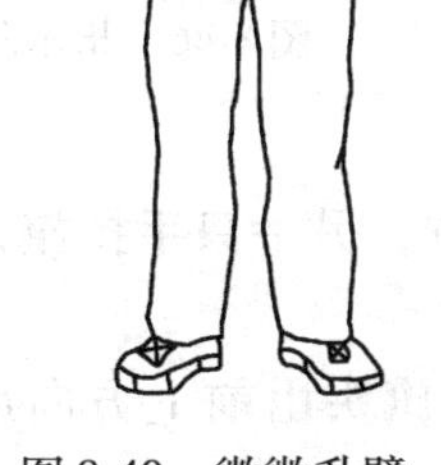

图 8-40　微微升臂

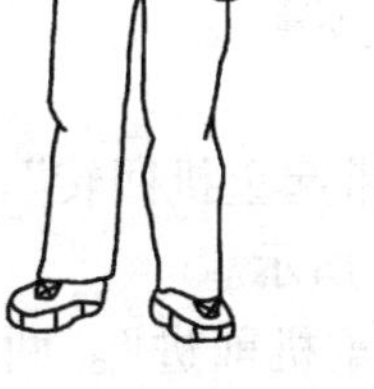

图 8-41　微微降臂

13）“微微转臂”。红旗拢起，横在腹前，指向应转臂的方向；绿旗拢起，竖在红旗前，互相垂直，如图 8-42 所示。

14）“伸臂”。两旗分别拢起，横在两侧，旗头外指，如图 8-43 所示。

图 8-42 微微转臂

图 8-43 伸臂

15）“缩臂”。两旗分别拢起，横在胸前，旗头对指，如图 8-44 所示。

16）“微动范围”。两手分别拢旗，伸向一侧，其间距与负载所要移动的距离接近，如图 8-45 所示。

17）“指示降落方位”。单手拢绿旗，指向负载应降落的位置，旗头进行转动，如图 8-46 所示。

图 8-44 缩臂

图 8-45 微动范围

图 8-46 指示降落方位

18）“履带起重机回转”。一只手拢旗，水平指向侧前方，另一只手持旗，水平重复挥动，如图 8-47 所示。

19）“起重机前进”。两旗分别拢起，向前上方伸出，旗头由前上方向后摆动，如图 8-48 所示。

图 8-47　履带起重机回转

图 8-48　起重机前进

20）“起重机后退”。两旗分别拢起，向前伸出，旗头由前方向下摆动，如图 8-49 所示。

21）“停止”单旗左右摆动，另一面旗自然放下，如图 8-50 所示。

图 8-49　起重机后退

图 8-50　停止

22）“紧急停止”。双手分别持旗，同时左右摆动，如图 8-51 所示。

23）“工作结束”。两旗拢起，在额前交叉，如图 8-52 所示。

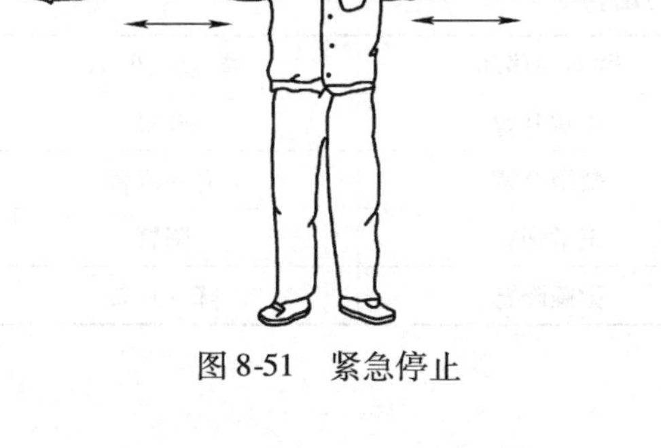

图 8-51　紧急停止

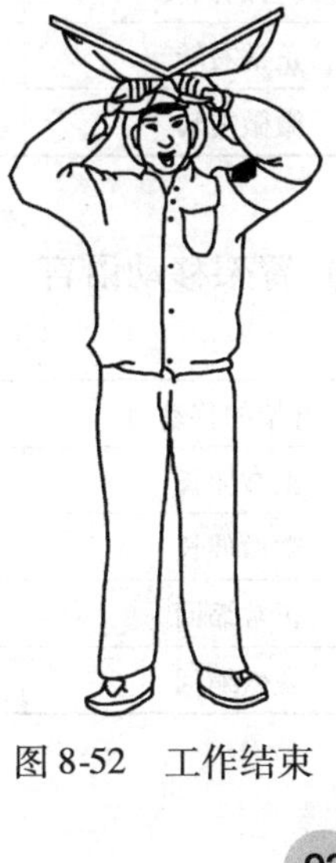

图 8-52　工作结束

3. 指挥人员使用的音响信号

1）“预备”、“停止”一长声“——”。

2）“上升”。两短声“●●”。

3）“下降”。三短声“●●●”。

4）“微动”。断续短声“●○●○●○●”。

5）“紧急停止”。急促的长声“—— —— ——”。

4. 起重吊运指挥语言

1）开始、停止工作的语言，见表8-1。

表8-1　开始、停止工作的语言

起重机的状态	指 挥 语 言	起重机的状态	指 挥 语 言
开始工作	开始	工作结束	结束
停止和紧急停止	停止		

2）吊钩移动语言，见表8-2。

表8-2　吊钩移动语言

吊钩的移动	指 挥 语 言	吊钩的移动	指 挥 语 言
正常上升	上升	正常向后	向后
微微上升	上升一点	微微向后	向后一点
正常下降	下降	正常向右	向右
微微下降	下降一点	微微向右	向右一点
正常向前	向前	正常向左	向左
微微向前	向前一点	微微向左	向左一点

3）转台回转语言，见表8-3。

表8-3　转台回转语言

转台的回转	指 挥 语 言	转台的回转	指 挥 语 言
正常右转	右转	正常左转	右转
微微右转	右转一点	微微左转	左转一点

4）臂架移动语言，见表8-4。

表8-4　臂架移动语言

臂架的移动	指 挥 语 言	臂架的移动	指 挥 语 言
正常伸长	伸长	正常升臂	升臂
微微伸长	伸长一点	微微升臂	升一点臂
正常缩回	缩回	正常降臂	降臂
微微缩回	缩回一点	微微降臂	降一点臂

5. 司机使用的音响信号

1）“明白”。服从指挥，一短声“●”。

2）“重复”。请求重新发出信号，两短声“●●”。

3）“注意”。“长声——”。

6. 信号的配合应用

（1）指挥人员使用音响信号与手势或旗语信号的配合

1）在发出“上升”音响时，可分别与“吊钩上升”、“升臂”、“伸臂”、“抓取”手势或旗语相配合。

2）在发出“下降”音响时，可分别与“吊钩下降”、“降臂”、“缩臂”、“释放”手势或旗语相配合。

3）在发出“微动”音响时，可分别与“吊钩微微上升”、“吊钩微微下降”、“吊钩水平微微移动”、“微微升臂”、“微微降臂”手势或旗语相配合。

4）在发出“紧急停止”音响时，可与“紧急停止”手势或旗语相配合。

5）在发出“预备”“停止”音响信号时，均可与上述未规定的手势或旗语相配合。

（2）指挥人员与司机之间的配合

1）指挥人员发出“预备”信号时，要目视司机，司机接到信号在开始工作前，应回答“明白”信号。当指挥人员听到回答信号后，方可进行指挥。

2）指挥人员在发出“要主钩”、“要副钩”、“微动范围”手势或旗语时，要目视司机，同时可发出“预备”音响信号，司机接到信号后，要准确操作。

3）指挥人员在发出“工作结束”的手势或旗语时，要目视司机，同时可发出“停止”音响信号，司机接到信号后，应回答“明白”信号方可离开岗位。

4）指挥人员对起重机械要求微微移动时，可根据需要，重复给出信号。司机应按信号要求，缓慢平稳操纵设备。除此之外，如无特殊需求（如船用起重机专用手势信号），其他指挥信号，指挥人员都应一次性给出。司机在接到下一信号前，必须按原指挥信号要求操纵设备。

7. 对指挥人员和司机的基本要求

（1）对使用信号的基本规定

1）指挥人员使用手势信号均以本人的手心，手指或手臂表示吊钩、臂杆和机械位移的运动方向。

2）指挥人员使用旗语信号均以指挥旗的旗头表示吊钩、臂杆和机械位移的运动方向。

3）在同时指挥臂杆和吊钩时，指挥人员必须分别用左手指挥臂杆，右手指挥吊钩。当持旗指挥时，一般左手持红旗指挥臂杆，右手持绿旗指挥吊钩。

4）当两台或两台以上起重机同时在距离较近的工作区域内工作时，指挥人员使用音响信号的音调应有明显区别，并要配合手势或旗语指挥，严禁单独使用相同音调的音响指挥。

5）当两台或两台以上起重机同时在距离较近的工作区域内工作时，司机发出的音响应有明显区别。

6）指挥人员用“起重吊运指挥语言”指挥时，应讲普通话。

（2）指挥人员的职责及其要求

1）指挥人员应根据本标准的信号要求与起重机司机进行联系。

2）指挥人员发出的指挥信号必须清晰，准确。

3）指挥人员应站在使司机看清指挥信号的安全位置上。当跟随负载运行指挥时，应随时指挥负载避开人员和障碍物。

4）指挥人员不能同时看清司机和负载时。必须增设中间指挥人员以便逐级传递信号，当发现错传信号时，应立即发出停止信号。

5）负载降落前，指挥人员必须确认降落区域安全时，方可发出降落信号。

6）当多人绑挂同一负载时，起吊前，应先做好呼唤应答，确认绑挂无误后，方可由一人负责指挥。

7）同时用两台起重机吊运同一负载时，指挥人员应双手分别指挥各台起重机，以确保同步吊运。

8）在开始起吊负载时，应先用“微动”信号指挥。待负载离开地面100～200mm稳妥后，再用正常速度指挥。必要时，在负载降落前，也应使用“微动”信号指挥。

9）指挥人员应佩带鲜明的标志，如标有“指挥”字样的臂章、特殊颜色的安全帽、工作服等。

10）指挥人员所戴手套的手心和手背要易于辨别。

8. 起重机司机的职责及其要求

1）司机必须听从指挥人员的指挥，当指挥信号不明时，司机应发出“重复”信号询问，明确指挥意图后，方可开车。

2）司机必须熟练掌握标准规定的通用手势信号和有关的各种指挥信号，并与指挥人员密切配合。

3）当指挥人员所发信号违反本标准的规定时，司机有权拒绝执行。

4）司机在开车前必须鸣铃示警，必要时，在吊运中也要鸣铃，通知受负载威胁的地面人员撤离。

5）在吊运过程中，司机对任何人发出的“紧急停止”信号都应服从。

9. 管理方面的有关规定

1）对起重机司机和指挥人员，必须由有关部门进行本标准的安全技术培训，经考试合格，取得合格证后方能操作或指挥。

2）音响信号是手势信号或旗语的辅助信号，使用单位可根据工作需要确定是否采用。

3）指挥旗颜色为红、绿色。应采用不易退色、不易产生褶皱的材料。其规定：面幅应为400mm×500mm，旗杆直径应为25mm，旗杆长度应为500mm。

4）本标准所规定的指挥信号是各类起重机使用的基本信号。如不能满足需要，使用单位可根据具体情况，适当增补，但增补的信号不得与本标准有抵触。

课题九　起重事故典型案例分析

技能点

- 掌握常见事故发生的规律，能做到预防事故的发生。

知识点

- 常见事故的原因。
- 常见事故的分类。
- 常见事故发生的规律。

安全要点

- 严格遵守安全技术操作规程，预防事故的发生。

一、任务分析

如何防止起重司索、指挥事故的发生，不仅与个人的生命财产有着极为密切的关系，而且对发展生产，稳定社会都具有重大意义。

二、相关专业知识

1. 起重事故类型及原因分析

从起重作业过程分析可见，起重机械特殊的结构形式和搬运的运动形式本身就存在着诸多危险因素，危险因素是事故发生的起源。各种危险有显现的、潜在的，不同形态危险因素往往交织在一起，起重操作过程中有可能出现的事故类型：

（1）脱钩　起重工在吊运物体时，因现场无人指挥，吊物下降过快造成脱钩。有时在吊运中因起吊物体不稳，使吊钩在空中悠荡，在悠荡过程中钩头由于离心惯性力甩出而引起脱钩事故。行车因操作不稳，紧急起动、制动都有可能引起钩头惯性飞出。具有主、副钩头的行车吊运重物时，当另一不用钩头挂在吊索的小圈上时，因钩头粗不容易插牢在圈环内，在操作和振动、摆动时，由于离心惯性力的作用，而引起钩头脱出坠落伤人。

（2）钢丝绳折断　钢丝绳发生折断的原因很多，其主要和常见的原因是：操作前没有对钢丝绳进行安全技术检验或认真检查，对已断丝的钢丝绳没有按钢丝绳报废标准处理或降低负荷使用，吊运时严重超负荷等。

（3）安全防护装置缺乏或失灵　起重机械的安全装置（制动器、缓冲器、行程限位器、起重量限制器、防护罩等）是各类起重机所不可缺少的。因安全装置缺乏或失灵又未检修时，这种装置便起不到安全防护作用。因操作不慎和超负荷等原因，将发生翻车、碰撞、钢丝绳折断等事故，起重机械上的齿轮和传动轴，没有设置安全罩或其他安全设施，会卷进人的衣服。

(4) 吊物坠落　起重机吊运物体时，由于某种原因，物体突然坠落，将地面的人员砸伤或砸死，这种事故一般是惨痛的，因为坠落的重物一般都是击中人的头部（立姿）或腰部（蹲姿）。例如某单位曾出现过一起人员从高处跌落至死的事故，指挥作业人员站在龙门架下的横梁上，当时天下雪，起重机工作时产生震动，指挥作业人员从梁上跌落，这时正好赶上货料从架上脱落，砸在这名指挥作业人员的头部，致死。

(5) 起重机倾翻　当起重机动臂幅度过大，加重超负荷，往往造成起重机倾覆事故，能引起人身伤亡和设备损坏。事故原因是因为起重机的倾覆力矩大于稳定力矩造成的。操作时不按安全支承器亦是引起倾覆的原因之一。

(6) 碰撞致伤　物体在吊运中，因碰撞或制动等原因，使吊件在空中悠荡，吊件撞倒设备或积物而引起事故，撞击力大，故后果比较严重。

(7) 触电　在输电线路下进行起重作业时，具有较大的危险性。起重机起重臂因活动范围大，易于与高压线路碰击发生触电事故，靠近输电线路附近的扒杆也有较多的触电机会，施工现场中临时导线对起重作业也是一种威胁。

(8) 指挥信号不明或乱指挥　现场起吊时，指挥者乱指挥或指挥信号不明时，易使现场起重人员产生错误判断或错误操作，尤其当两个单位在同一场地操作时，因各自的指挥信号不同引起的错误操作往往会产生严重后果。

(9) 吊物上面站人　在物体吊起后失去平衡，将重物放下重新起吊时，有少数起重工特别是青年人怕麻烦，图省事，违章站在重物上以求平衡，当起重机一旦发生紧急制动剧烈振动时，站在起吊物上的人随之跌下或被物体碰倒以及被压伤。

(10) 起吊埋在地下的工件或设备　埋在地下的设备或工件，在全部显露出来并确认不与地下构件连接或固接时，方可起吊。其只有局部显露，并且起吊物与地下构件连接或固接情况不明时，是不能起吊的。起吊埋在地下的物体，不仅发生过钢丝绳折断伤人事故且发生过设备局部损坏现象。

(11) 工件紧固不牢　当起吊散装金属物体或工件时，若没有捆扎牢固，吊运或搬运过程中零星小件会脱落坠下，极易碰伤自己或别人。

(12) 光线阴暗看不清物体　如起重现场雾大、风沙大，能见度差，晚间光线太暗或眩目刺眼，看不清物体和周围障碍物，这是发生事故的隐患之一。

(13) 斜拉工件　斜拉工件可能发生较大事故，它与竖直起吊比较，斜拉物体时绳上的张力，一部分拉力分解到竖直方向提升物体，另一部分拉力分解到水平方向拉动物体。这样，绳上的负荷变化较大，在起吊同样重的物体时，绳上的张力加大了，增加了危险性。物体沿水平方向移动会产生突然摆动、振动，或造成撞击和断绳甚至翻车事故，特别是突然拉断了的钢丝绳会在较大范围内晃动伤人。

(14) 起重设备带病运转　设备带病运转，不仅缩短了起重设备的使用寿命或修理周期，更为严重的是设备在带病运转过程中，可以导致发生许多设备和人身事故。

(15) 开车前未发开车信号　起重机在开车前应预先发出开车信号，信号可由起重机司机直接发出，或由地面指挥者或监护者发出。某厂桥式起重机开车前未发开车安全信号，开动的起重机将平台上的一名司机刮下平台，高空坠落受伤，抢救无效死亡。

(16) 人为事故因素　钢液或铁液包装得太满，起重机略一振动，钢液便泼落出包外，造成烫伤，万一钢液洒至水中或潮湿地面上，会立即发生爆炸性炙烫事故。

2. 常见事故发生的规律

(1) 发生事故的生产情况分析

1) 生产任务繁重。

2) 生产现场狭窄混乱。

3) 工作计划不周详或临时增添新任务。

4) 作业中出了差错需要重新做。

(2) 发生事故的年龄分析

1) 18~30 岁。这个年龄段的人精力充沛，接受新事物快，但容易冲动，好冒险，加上经验不足，所以最容易出事故。

2) 31~45 岁。这个年龄段的人精神稳定，有一定经验，自我控制能力强，不易冲动和冒险，通常较少出事故。

3) 46~60 岁。这个年龄段的人身体各部分机能开始衰退，反应迟钝，手脚较慢，有时认为经验丰富而易产生骄傲麻痹思想，故也相对较易出事故。

(3) 发生事故的日期分析

1) 节假日前后。这段时间应酬较多，作业时思想不集中，加上休息不好，较易出现事故。

2) 7~9 月。这段时间天气炎热，人休息不好，精神状态差，加上工作环境相对变坏，最容易出事故。

3) 年底。为完成年度计划、赶任务，加班加点，容易疲劳，较易出事故。

(4) 发生事故的时间分析

1) 刚开始进行作业时。这时作业人员思想较为放松，还没有进入工作状态，容易发生事故。

2) 临近天黑的时候。这段时间，一般人都想争取快点干完，故作业繁忙紧张，加之照明不足，很容易发生伤害事故。

3) 深夜。这段时间人最疲劳，反应迟钝，工作环境也变差，也较容易发生事故。

4) 临近作业结束下班时间。这段时间工作告一段落，人较疲劳，思想放松，精神不集中，最容易出事故。

三、任务实施

1. 典型事故案例分析

为了便于了解起重司索、指挥作业过程中所造成人身伤害事故的严重性，提高司索指挥作业人员的安全操作意识，增强自我保护能力，克服粗枝大叶、麻痹大意的思想，我们收集了该行业的部分典型事故案例，并作了如下分析。

案例一：捆绑不牢物倾翻，司索人员丧命　某厂装配车间用 1 台 10t 跨度为 19.5m 的单梁起重机，从卡车上将外协件压铸机底座卸下并运往装配工位。起重机司机 A 操纵起重机，司索工 B 用一对绳扣兜住两个压铸机底座（每个 0.25t，规格为 789mm×1170mm×40mm）四个叉接的吊环挂于起重机吊钩上，将底座吊起后汽车开走，司索工 B 站在底座东侧指挥起重机向西运行，不料司机 A 扳错方向，起重机向东行驶，司机 A 急打反转使车向西运行，此正反变换大车走向，使吊物产生急剧摇摆晃动，导致一根兜绳从底部滑脱，底座倾翻坠落将手扶机座的司索工B撞成重伤后又被压在底座下面致死。

这起事故清楚地反映出司索工捆绑吊物的方法是错误的，违反了“十不吊”中工件捆绑不牢不吊的原则，这种兜吊方法起吊两个工件极为不妥，存在两件分离和绳扣滑脱的潜在隐患和危险。他把自己置身于吊载之侧这一危险位置，也是严重违规行为，乃起重作业之大忌，还是严重缺乏自我保护意识的表现。同时起重机司机操作时精神不集中，发生误动作，使工件摇摆发生吊物坠落事故，以致酿成大祸。

作业人员应从这起事故吸取的教训是：起重作业人员必须按安全操作规程作业，要增加自我保护意识，操作时务必精神集中，避免错误动作，以防止事故发生。

案例二：卸下货物放不稳，翻倒压伤过路人　某日下午临近下班时间，某厂装卸人员赶卸大货车上的铸件。由于场地狭窄，装卸人员卸下的铸件竖立放置。当吊车吊卸第二件铸件准备放置时，由于吊运不稳，左右摆动，撞到已卸下的第一件铸件，将正从那里经过的林某压至重伤。造成这起事故的原因有以下几点：

1）卸下的物件放置不当。如果装卸人员在作业中按技术要求去做，将铸件横放，使其重心降低，并在铸件与地面接触不到的地方用物件垫好，则铸件受到碰撞也不会翻倒。

2）工作现场安全防护措施差。按安全操作规程规定，作业现场的危险区域禁止人员站立或靠近。在场地狭窄的地方作业，更应该在危险区域竖立警示牌或派人守卫，禁止人员通过。但由于麻痹大意，他们没有这样做，以致铸件翻倒伤人。

3）被吊运物件左右摇摆不稳时不应靠近任何人或物，以防撞伤。但在这起事故中由于抢时间，不顾一切，以致将铸件碰撞翻倒。

从上述事故可看到，在赶时间抢任务的作业中最容易发生事故。因为在这时作业人员的注意力都集中在完成任务上，忽视了安全，忘记了规章制度，思想麻痹。作业人员应从中吸取经验教训，越是忙，越是时间紧就越要讲安全，按制度办事，这样才能防止事故的发生。

案例三：钢丝绳破断，吊载坠落致人死亡　事故发生在某一钢材集散料场，利用一龙门起重机吊运钢管，每捆钢管十余根，长6~8m，总重约8t，起重机额定起重量为10t，钢管的吊装捆绑间距为3m。吊运数捆后，吊装绳突然在吊运中发生破断，钢管散落伤及地面作业人员，死一人重伤一人。

这起伤害事故原因，经分析发现吊装绳的吊装角度（吊装绳的夹角）过大，为150°，经计算吊装绳承受的拉力过大，已超过了吊装绳自身允许的拉力，属于因吊装绳直径选用不合理，吊装角过大造成的事故。

这一事故告诉作业人员，在起重吊装作业中，任何一方面的不安全因素都会导致事故的发生，都会造成莫大的损失。因此，对任何一件事故都应认真对待，千万不能草率行事。

案例四：挂钩脱落　某市运输公司起重大队司索工李某在装木料时，因挂钩脱掉，木材砸在李某身上致其死亡。造成这一事故直接原因是吊挂不牢脱钩。从司索工本身来讲，一个重要原因还是安全意识不强。

通过这一案例告诉作业人员吊装木料一次能吊多少，事先应心中有数。木材形状是圆形还是方形，在吊装前，应考虑吊装方式的安全性、科学性。司索工在操作时应加强自我保护意识，应站在什么地方安全起吊，挂钩吊物应确认挂牢方可起吊。

案例五：指挥擅离岗位，起重机倾翻致人残　某单位吊车司机张某操纵一辆20t汽车到某工地帮助卸车，将一根重达7.3t的花篮梁卸到工地上。担任指挥员的杨某离开岗位，轻松地坐到运输构件的运输车驾驶室里，与运输车司机李某抽烟聊天，自以为钩已挂好，剩下的事是司机起吊，自己帮不上忙，指挥不指挥无所谓。司机张某按照以往习惯，虽然无人指挥，自恃技术熟练，不会出问题，照样轻松自如地作业，结果万没料到，工地的土质松软，在吊运回转过程中，由于无人指挥，汽车支腿陷入泥里也无人发觉。当司机张某发觉吊车有些倾斜时，心慌意乱，想要鸣号示警，用手按动电钮，发现报警器失灵，最终由于车身重心失去平衡而倾倒，重达7.3t的花篮梁狠狠地砸在构件运输车上，指挥员杨某和司机李某做梦也不会料到由于自己违反劳动纪律的行为会导致如此严重的后果。众人经过一个多小时的努力，才将杨某、李某从驾驶室里拖出来，送医院抢救。杨某因伤势过重，经抢救无效死亡，李某虽然保住了生命，但两腿高位截肢，落得终身残废。造成这起事故的原因如下：

1）从现象来看，作业现场土质松软，喇叭失灵是这次恶性事故的直接原因。实质上违章作业和不负责任是造成本次恶性事故的真正原因。即司机严重违反“十不吊”规定，平时又没有认真做好吊车维护保养工作，对作业现场土质松软情况更一无所知，当吊车撑脚出现下陷先兆时，司机竟没有任何察觉，安全意识很差。

2）指挥员杨某擅离岗位，没有认真指挥配合司机作业。从这一事故中要认真吸取教训，管理人员要强化对司机和指挥人员及作业人员的安全技术教育和职业道德教育，提高其工作责任心，自觉遵守各项规章制度，严禁违章作业，增强自我保护的意识和技能，作业人员要加强工作责任心，认真做好吊车的例保和日保，保证吊车力学性能和安全附件的完好，确保安全作业，以防止事故发生。

2. 起重司索、指挥作业事故的预防

伤害事故会给国家和人民造成巨大的损失，在社会上造成不良的影响，同时也破坏了企业的正常生产秩序，并且给受害者及其亲人带来痛苦和悲伤。因此，作业中的安全涉及社会的安全、企业的正常生产和个人的家庭幸福等各方面。预防伤害事故的发生，是国家建设的需要，是企业发展生产，完成任务的要求，也是千家万户职工家庭的共同愿望。起重伤害事故发生的原因是多方面的。通过上述案例的分析可知，这些事故发生的根本原因是由于事物的不安全因素和人们的不安全行为共同作用所引发的结果。

事物的不安全因素有：领导不重视安全教育，贯彻各种安全法规不力，管理混乱，制度不严，设备维护保养不良，安全装置不全、不完好等。

人的不安全行为有：操作者违反安全操作规程，违章指挥和违犯劳动纪律等“三违”不安全行为。其中操作者违反安全操作规程是引发事故的主要原因，也是共同的原因。因此要有针对性地从各个方面采取相应措施进行综合治理，才能取得良好的效果。通常主要有以下几个方面。

1）认真贯彻“安全第一、预防为主”的方针，经常宣传国家有关劳动保护的方针、政策、法令、法律、决议和指示等。正确认识安全在作业中的重要性，提高作业人员安全生产的思想意识，克服把安全生产与经济效益对立起来的思想倾向、麻痹思想和侥幸心理。

2）加强安全管理，建立健全各项规章制度，严禁违章指挥和违章作业。在制定施工计划的同时要制定相应安全计划，布置生产工作的同时要布置安全工作，检查工作进度时要检查安全是否落实。定期组织安全检查，对生产现场、机械设备、安全设施、生产工具等进行认真细致的检查。查出重大问题和事故隐患要及时处理，把执行安全生产责任制和惩罚与奖励制度结合起来。对安全生产作出显著贡献的要重奖；对破坏制度，造成事故责任者要视其责任大小、情节轻重给予处罚，直至追究刑事责任，决不能姑息迁就。

3）加强起重司索、指挥作业人员的管理和培训，不断提高培训质量，建立严格的考核制度，使得起重司索、指挥作业人员的安全技术素质不断提高。建立持证上岗制度，树立遵章守法作业的良好作风。

4）起重作业人员本身应增强对安全的重视，除遵规守法外，尚应增强自我保护意识和群体相互保护意识，在作业中各司其职，协同合力，相互关照，做好每一项工作。

5）起重作业现场必须设专职安全监督员，环视周围，纵观全面，可随时发现和消除不安全因素，制止不安全行为，是为避免发生事故的不可忽视的一个举措。

6）建立科学的设备维护保养和检查制度，保持设备处于良好运行状态。起重司索、指挥作业的工作是多种多样的，工作场合也各不相同。不同的情况对工作的影响是不相同的。在作业中按技术要求做，按安全规程操作是我们预防事故发生的最好方法。

课题十　起重吊运现场安全知识介绍

技能点

- 能够做到安全用电及防火，且能够采取相应的现场急救措施。

知识点

- 安全用电知识。
- 安全防火知识。
- 现场急救知识。

一、任务分析

在起重作业中安全用电、安全防火非常重要。且一旦出现事故，应正确地采取急救措施，以把损失降到最低。

二、相关专业知识

1. 安全用电知识

（1）触电急救的要点　触电急救的要点是：抢救迅速与救护得法。发现有人触电后，首先要尽快使其脱离电源，然后根据具体情况，迅速对症救护。

（2）解救触电者脱离电源的方法　脱离低压电源可用“拉”、“切”、“挑”、“拽”、“垫”五字来概括。

1）拉：指就近拉开电源开关、拔出插头或瓷插熔断器。

2）切：当电源开关、插座或瓷插熔断器距离触电现场较远时，可用带有绝缘柄的利器切断电源线。切断时应防止带电导线断落触及周围的人体。多芯绞合线应分相切断，以防短路伤人。

3）挑：如果导线搭落在触电者身上或压在身下，这时可用干燥的木棒、竹竿等挑开导线，或用干燥的绝缘绳套拉导线或触电者，使触电者脱离电源。

4）拽：救护人可戴上手套或在手上包缠干燥的衣服等绝缘物品拖拽触电者，使之脱离电源。如果触电者的衣裤是干燥的，又没有紧缠在身上，救护人可直接用一只手抓住触电者不贴身的衣裤，将其拉脱电源，但要注意拖拽时切勿触及触电者的皮肤。也可站在干燥的木板、橡胶垫等绝缘物品上，用一只手将触电者拖拽开来。

5）垫：如果触电者由于痉挛，手指紧握导线，或导线缠绕在身上，可先用干燥的木板塞进触电者身下，使其与地绝缘，然后再采取其他办法把电源切断。

2. 消防基础知识

（1）防火的安全要求

1）消防设施符合安全要求。

2）备足消防器材。一般存放临时设施的区域，应备有专供消防用的太平桶、积水桶（池）、黄沙等器材设施，并不得在其周围堆放其他物品。

（2）灭火的方法和灭火器材　根据物质燃烧的原理和灭火的实践经验，防止火灾的基本方法有：控制可燃物、隔绝空气、清除着火源、阻止火势、爆炸波的蔓延。

3. 现场急救

（1）伤员的应急处置　触电伤员如神志清醒，应使其就地躺平，严密观察，暂时不要站立或走动；触电伤员如神志不清，应就地仰面躺下，且确保气道通畅，并用5s时间，呼叫伤员或轻拍其肩部，以判定伤员是否意识丧失。禁止摇动伤员头部呼叫伤员。需要抢救的伤员，应立即就地坚持正确抢救，并设法联系医疗部门接替救治。

（2）呼吸、心跳情况的判定　触电伤员如意识丧失，应在10s内，用看、听、试的方法，判定伤员呼吸心跳情况，如图10-1所示。若看、听、试，结果既无呼吸又无颈动脉搏动，可判定呼吸心跳停止。

（3）心肺复苏法

1）通畅气道。触电伤员呼吸停止，重要的是始终确保气道通畅。如发现伤员口内有异物，可将其身体及头部同时侧转，迅速用一个手指或用两手指交叉从口角处插入，取出异物。操作中要注意防止将异物推到咽喉深部。

2）通畅气道可采用仰头抬颌法，如图10-2所示。

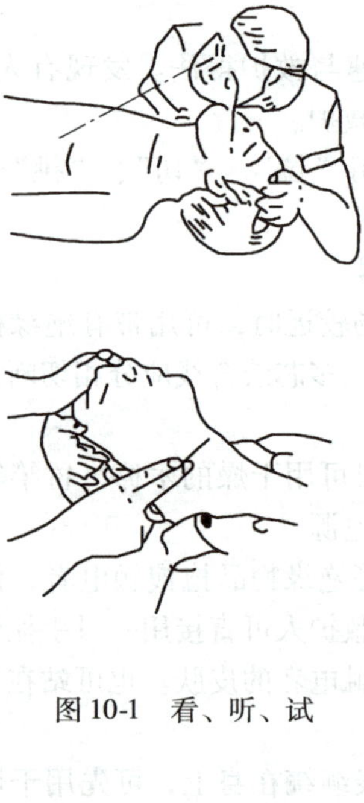

图10-1　看、听、试

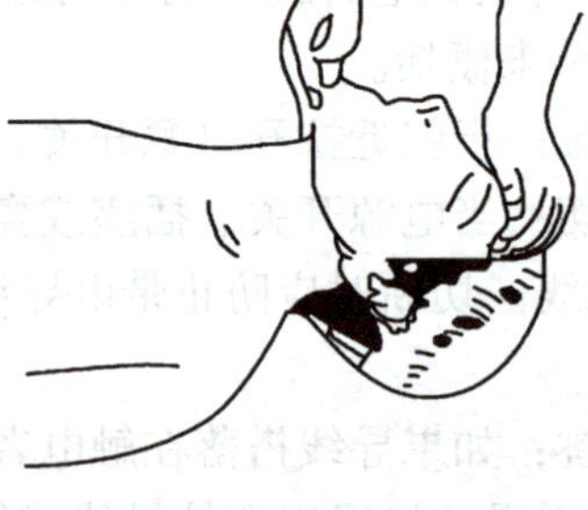

图10-2　仰头抬颌法

（4）口对口（鼻）人工呼吸如图10-3所示。

（5）胸外心脏按压法如图10-4所示。

（6）伤员的运送如图10-5～图10-7所示。

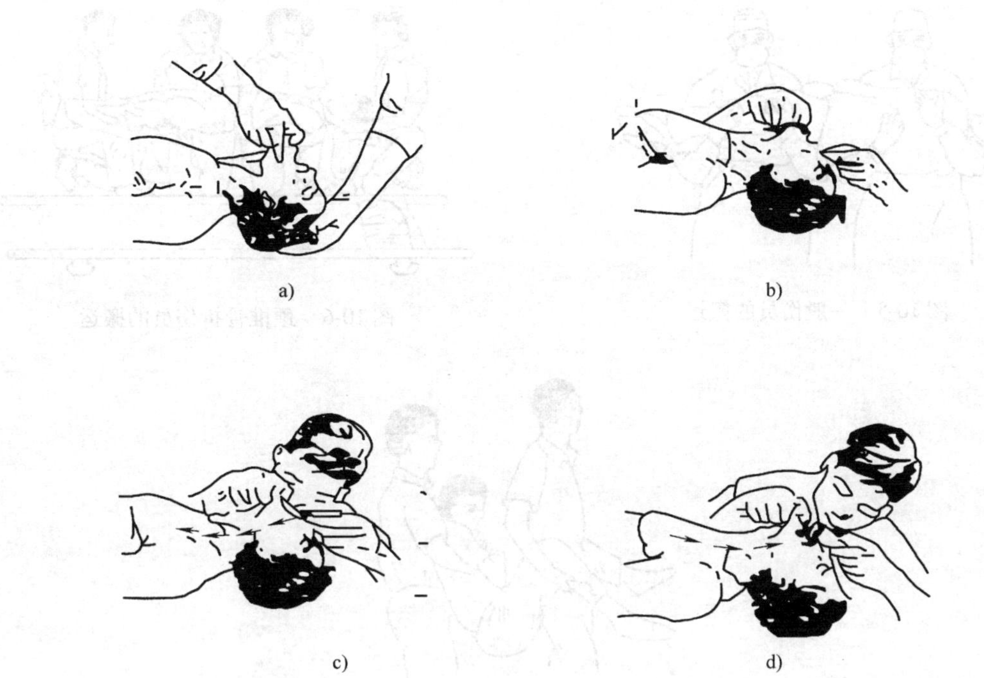

图 10-3 口对口人工呼吸法

a）头部后仰 b）捏鼻掰嘴 c）贴嘴吹气 d）放松换气

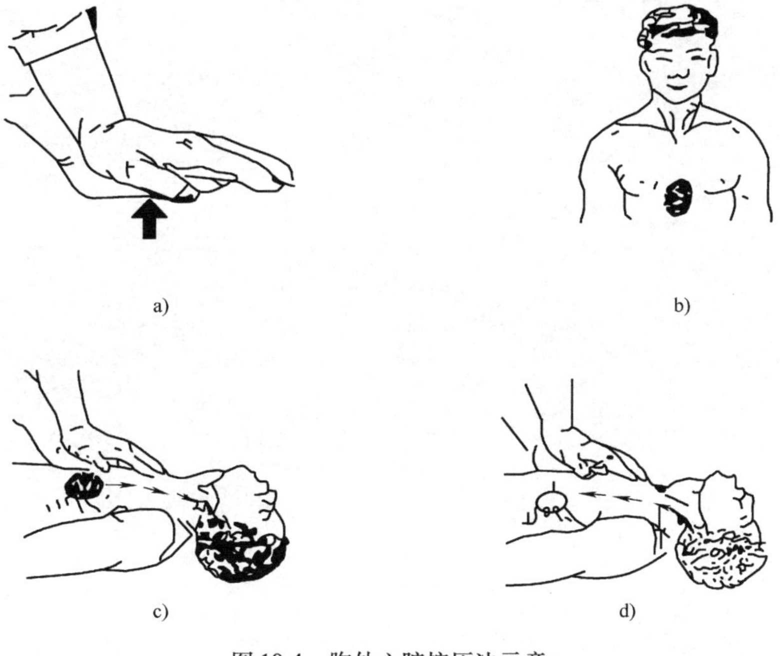

图 10-4 胸外心脏按压法示意

a）叠手方式 b）正确压点 c）向下挤压 d）迅速放松

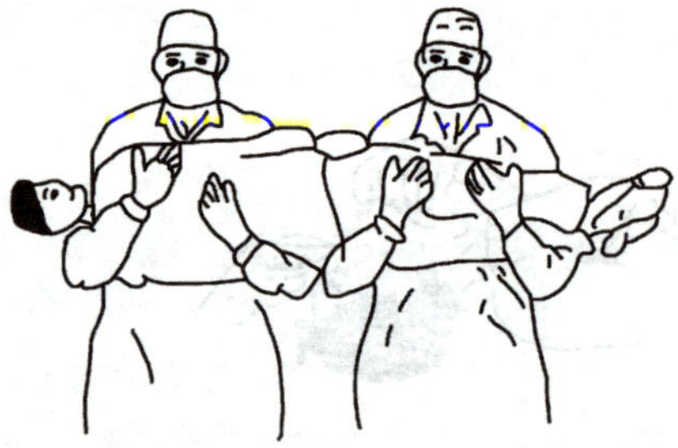

图 10-5　一般伤员的搬运

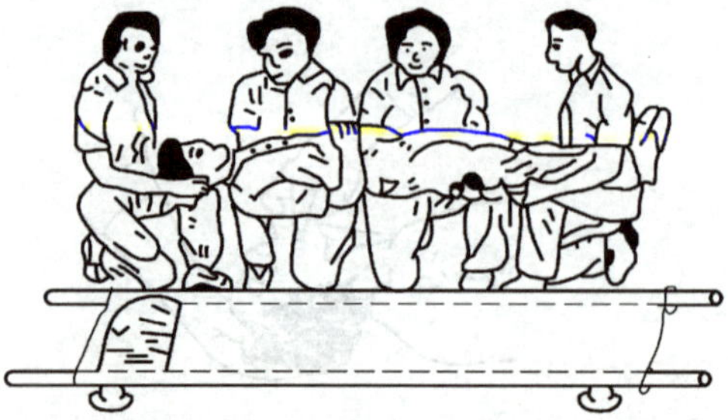

图 10-6　颈椎骨折伤员的搬运

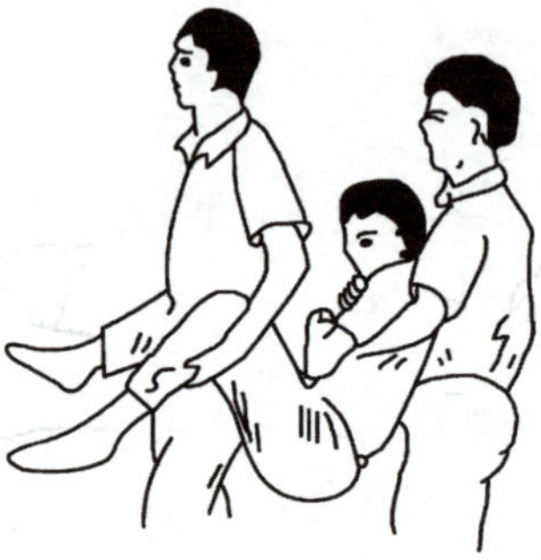

图 10-7　错误的搬运法

附录　起重司索指挥作业人员安全技术考核复习题及答案

起重司索指挥作业人员安全技术考核复习题

一、选择题（1～40 题为单选，41～60 为多选）

1. 应根据物体的形状特点和（　　）位置选择吊点。
A. 放置　　B. 所在　　C. 重心

2. 起重司索人员作业前应戴好（　　）及其他防护用品。
A. 安全帽　　B. 安全带　　C. 橡胶绝缘鞋

3. 钢丝绳绳卡的间距等于（　　）倍钢丝绳的直径。
A. 1～2　　B. 6～7　　C. 10

4. 钢丝绳绳卡的数量与钢丝绳的（　　）有关。
A. 直径　　B. 型号　　C. 长度

5. 起吊角度增大，起重机的起重能力（　　）。
A. 不变　　B. 减小　　C. 增大

6. （　　）主要用于水平吊装中避免吊物上受力点不合理造成其发生过大的弯曲变形。
A. 吊横梁　　B. 吊环　　C. 起重钳

7. 用作吊索、绑扎钢丝绳的安全系数是（　　）。
A. 2　　B. 10　　C. 6

8. 当钢丝绳直径相对其公称直径减小（　　）或更大时应报废。
A. 7%　　B. 10%　　C. 40%

9. GB 5082—1985 中规定起重机“前进”的方向是指（　　）。
A. 起重机向指挥人员开来　　B. 起重机离开指挥人员　　C. 临时约定的方向

10. GB 5082—1985 不适用于（　　）。
A. 桥式起重机　　B. 汽车起重机　　C. 电梯

11. （　　）是指起重机允许吊起的重物或物料连同可分吊具重量的总和。
A. 总起重量　　B. 额定起重量　　C. 最大起重量

12. 两小臂水平置于胸前，五指伸开手心朝下，同时水平挥向两侧表示（　　）。
A. “紧急停止”　　B. “停止”　　C. “工作结束”

13. 小臂向侧上方伸直，五指自然伸开，高于肩部，以腕部为轴转动表示（　　）。
A. “吊钩上升”　　B. “吊钩微微上升”　　C. “要主钩”

14. 单手自然握拳，置于头上，轻触头顶表示（　　）。

A. “要副钩”　　B. “要主钩”　　C. “工作结束”

15. 对于长形物体，若采用竖吊，则吊点应在（　　）。

A. 重心处　　B. 重心之上　　C. 重心之下

16. 下面选项中达到钢丝绳报废标准的是（　　）。

A. 整股绳股断裂　　B. 断丝　　C. 磨损

17. 起重机吊钩的吊点，应于吊物的重心在同一（　　）上使吊重处于稳定平衡状态。

A. 水平线　　B. 铅垂线　　C. 平面

18. 钢丝绳的主要缺点是：刚性（　　），不易弯曲。

A. 较大　　B. 较小　　C. 太差

19. 卷扬机作业时，卷筒上钢丝绳余留圈数不得小于（　　）圈。

A. 5　　B. 4　　C. 3

20. 钢丝绳在使用过程中，如长度不够时，可采用（　　）连结。

A. 插结　　B. 卸扣　　C. 吊链

21. 起重机取物装置的最高工作位置与起重机支承面之间的垂直距离称为起重的（　　）。

A. 起升范围　　B. 起升高度　　C. 幅度

22. 起重机的回转机构是由驱动装置、传动装置、（　　）和回转装置组成。

A. 制动装置　　B. 安全装置　　C. 电气系统

23. 物体在两个力的作用下保持平衡的条件是：这两个力的大小相等，方向（　　），且作用在同一条直线上。

A. 相同　　B. 相反　　C. 任意

24. 作用在同一条直线上的合力，其大小等于各力的（　　）。

A. 代数和　　B. 代数差　　C. 代数乘积

25. 应根据物体的形状特点，（　　）位置正确选择吊点。

A. 放置　　B. 所在　　C. 重心

26. 动滑轮的门数愈多，起升钢丝绳的牵引力也（　　）。

A. 愈小　　B. 愈大　　C. 不变

27. 指挥人员所佩戴的手套手心和（　　）要易于辨别。

A. 手背　　B. 手指　　C. 手臂

28. 指挥人员发出“工作结束”信号后，（　　）向司机发出任何指挥信号。

A. 还可　　B. 不可再　　C. 可继续

29. 吊钩扭转变形超过（　　）应报废。

A. 20°　　B. 10°　　C. 15°

30. 吊钩危险断面磨损量达原尺寸的（　　）应报废。

A. 15%　　B. 20%　　C. 10%

31. 起重作业现场环境对确定起重作业（　　）和吊装作业安全有直接影响。

A. 方案　　B. 顺序　　C. 操作过程

32. 滑车的滑轮直径应大于钢丝绳直径的（　　）倍。

A. 25　　B. 16　　C. 32

33. 两台起重机同时吊运同一重物时，各台起重机所承受的载荷均不得超过各自额定起重量的（　　）。

A. 80%　　B. 90%　　C. 70%

34. 起重机械及起重作业一般只采用（　　）环链。

A. 长　　B. 短　　C. 中

35. 起吊重物时，司索人员应与重物保持（　　）距离。

A. 操作　　B. 安全　　C. 任意

36. 如果与钢丝绳配用的滑轮直径过小会影响钢丝绳的使用（　　）。

A. 性能　　B. 寿命　　C. 效果

37. 一般钢丝绳弹性减小常伴随着绳径（　　）。

A. 增大　　B. 减小　　C. 不变

38. 钢丝绳吊索两端插接连接索眼之间最小净长度不应小于该吊索钢丝绳直径的（　　）。

A. 20 倍　　B. 40 倍　　C. 60 倍

39. 钢丝绳插接连接的强度应不小于该绳最小破断拉力的（　　）。

A. 70%　　B. 80%　　C. 90%

40. 动滑轮在起重作业中只起（　　）和承重作用。

A. 省力　　B. 变向　　C. 支承

41. 我国现行与特种设备有关的法律主要有：（　　）。

A.《中华人民共和国安全生产法》　　B.《中华人民共和国劳动法》

C.《中华人民共和国刑法》　　D.《中华人民共和国宪法》

42.（　　）属于起重机械的作业特点。

A. 周期性的间歇作业　　B. 运动方式复杂

C. 移动范围大　　D. 作业人员配合要求高

43. 确定不规则形状物体重心的方法有（　　）。

A. 悬挂法　　B. 称重法

C. 几何法　　D. 计算法

44. 柱形物体的绑扎方法有（　　）。

A. 平行吊装绑扎法　　B. 任意绑扎

C. 兜挂法　　D. 垂直斜形吊装绑扎法

45. 麻绳的优点有（　　）。

A. 柔韧　　B. 易于捆绑

C. 耐磨　　D. 轻便

46. 钢丝绳的特点有（　　）。

A. 柔韧　　B. 重量轻

C. 强度高　　D. 能承受冲击载荷

47. 钢丝芯钢丝绳的特点有（　　）。

A. 能承受较大的横向载荷能　　B. 能在高温下工作

C. 挠性好　　D. 弹性好

48. 下面属于钢丝绳报废标准的有（　　）。

A. 整股绳股的断裂　　B. 有严重的内部腐蚀

C. 钢丝绳的弹性显著减少　　D. 断丝

49. 钢丝绳出现（　　）变形时，应立即报废。

A. 波浪形　　B. 笼状畸变

C. 部分被压扁　　D. 绳股挤出

50. 吊链的优点有（　　）。

A. 挠性好　　B. 破断拉力大

C. 耐磨损　　D. 弹性大

51. 定滑车在起重作业中起（　　）作用。

A. 保持重物的平衡　　B. 省力

C. 支持承重钢丝绳的升降　　D. 改变绳索拉力方向

52. 当滑车出现（　　）时，应更换或报废。

A. 裂纹　　B. 轮槽不均匀磨损量达 3mm

C. 滑轮槽壁磨损量达到厚度的 10%　　D. 弹性变形

53. （　　）吊钩不得继续使用。

A. 表面有裂纹的　　B. 补焊过的

C. 危险断面或吊钩颈部产生塑性变形的　　D. 有弹性变形的

54. 当卸扣任何部位产生（　　）时应报废。

A. 裂纹　　B. 塑性变形

C. 螺纹脱扣　　D. 磨损

55. GB 5082—1985 适用于（　　）。

A. 桥式起重机　　B. 门式起重机

C. 载人电梯设备　　D. 塔式起重机

56. 下面属于起重事故的有（　　）。

A. 脱钩　　B. 钢丝绳折断

C. 吊物坠落　　D. 撞车

57. 在吊装各种物体时，为避免物体的（　　），应根据物体的形状特点和重心位置，正确选择起吊点。

A. 倾斜　　B. 翻倒

C. 转动　　D. 滑动

58. 力的分解方法有（　　）。

A. 试验法　　B. 计算法

C. 三角函数法　　D. 图解法

59. 起重作业的风险因素有（　　）。

A. 起重物料的重力势能大　　B. 作业空间范围大

C. 机构运动具有多维性　　D. 群体性作业

60. 环链手拉葫芦的特点有（　　）。

A. 体积小　　B. 使用安全

C. 操作简单　　D. 维护方便

二、判断题

1. 起重司索人员应听从指挥人员的指挥。（　）

2. 指挥人员应站在使司机能看清楚指挥信号的任何位置上。（　）

3. 指挥人员必须在熟悉所指挥起重机械的技术性能后方可指挥。（　）

4. 在吊运过程中，司机应服从任何人发出的“紧急停止”信号。（　）

5. 指挥人员不能同时看清司机和负载时，应站到能看到起重机司机一侧，并增设中间指挥人员以便逐级传递信号。（　）

6. 工作结束后，所使用的索具、吊具可挂在起重机吊钩上，以方便下次使用。（　）

7. 吊链有裂纹或锐利横向凹痕时应报废。（　）

8. 在开始吊载时，应先使用“微动”信号指挥，待负载离开地面 100~200mm 且物料稳妥后，再用正常速度指挥。（　）

9. 吊运重物时，在任何情况下都禁止从人的上空经过。（　）

10. 工作中可用手直接校正已被重物涨紧的绳索。（　）

11. 超负荷使用起重机、工具和索具时应有领导批准。（　）

12. 交互捻的钢丝绳悬吊重物时容易出现旋转。（　）

13. 可根据实际情况，按指挥人员要求用人体重量来平衡吊运物件。（　）

14. 绑扎、吊运大型或薄壁的物件时，应采取加固措施。（　）

15. 因故停止作业时，在采取了安全可靠的措施保护吊物与设备后，可把吊物悬空长时间停留。（　）

16. 同向捻的钢丝绳悬吊重物时容易出现旋转。（　）

17. 钢丝绳每股绳内的钢丝直径越细，其挠性越差，但耐磨损。（　）

18. 钢丝绳绳芯的材料有天然纤维芯、合成纤维芯和钢丝芯。（　）

19. 补焊过的吊钩不能再继续使用。（　）

20. 将钢丝绳放好后，先拧紧中间若干个绳卡，最后再拧紧首尾两个绳卡。（　）

21. 起重机的取物装置本身的重量一般不应包括在额定起重量之中。（　）

22. 起重机取物装置的最低工作位置与起重机支承面之间的垂直距离称为起重机的起升高度。（　）

23. 起重机的额定起升速度 v_n 是指起升机构电动机开始起动运转时，取物装置的上升速度。（　）

24. 起重机（大车）运行速度 v_k 是指起重机带额定载荷时的运行速度。（　）

25. 桥式起重机由起升机构、运行机构（大小车运行机构）、金属结构、电器系统及安全装置构成。（　）

26. 改变力的三要素中的任何一个因素时，力对物体的作用效果也随之改变。（　）

27. 物体（刚体）在两个力作用下保持平衡的条件是：这两个力的大小相等，方向相反，且作用在同一条直线上。（　）

28. 作用在物体上某一点的两个力，可以合成一个力。（　）

29. 作用力与反作用力是分别作用在两个相互作用的物体上，作用力与反作用力可相互抵消。（　）

30. 求几个已知力的合力的方法叫做力的分解。（ ）
31. 求作用在同一直线上各力的合力的大小时，可将各力相加，不必考虑力的方向。（ ）
32. 用平行四边形法求两个互成角度的共点力的合力，这种方法属图解法。（ ）
33. 力的分解是力的合成的逆运算。（ ）
34. 一个已知力作用在物体上产生的效果是不可用其他两个同时作用的力来代替的。（ ）
35. 可以用平行四边形法则，把一个已知力分解成两个力。（ ）
36. 力的作用可以改变物体的运动状态，但不能改变物体的形状。（ ）
37. 力可使物体发生转动。（ ）
38. 物体转动的效应与力、力臂大小成正比。（ ）
39. 物体转动的轴心到力的作用线的垂直距离称为力臂。（ ）
40. 力和力臂的乘积为力矩。（ ）
41. 力矩的国际单位为牛顿，简称“牛”。（ ）
42. 起吊重物时，首先应该知道被吊物体的质量。（ ）
43. 起重设备和施工方案是根据被吊重物的形状来确定的。（ ）
44. 物体的质量和物体的重力是相同的，计算单位也一样。（ ）
45. 不规则形状的物体，可以分割成几种规则或近似规则形状的物体，分别计算，然后相加，求出总面积、体积、重量等。（ ）
46. 计算物体的重量时，须知材质的密度，不需计算体积。（ ）
47. 所谓密度就是指某物质单位体积内所具有的重力。（ ）
48. 为了安全起见，估算物体重量时，一般需等于或略小于实际质量。（ ）
49. 物体所受的重力方向不一定总是竖直向下的。（ ）
50. 吊装作业应不断创新，有时可以不遵循运用物体重力与外力平衡的规律进行作业。（ ）
51. 在起重吊装作业中，确定被吊物所受的重力是十分重要的，确定重心位置是无关紧要的。（ ）
52. 几何形状简单的长方形物体，其重心位置在对角线的交点上。（ ）
53. 对于不规则形状的物体，可用悬挂法测定其重心位置。（ ）
54. 物体放置时，重心越高，支承面积越大，物体所处的状态越稳定。（ ）
55. 流动式起重机工作时，起重机自重载荷和起吊载荷对倾覆边的力矩之和必须大于零，才能保证吊物不倾翻。（ ）
56. 一般的起重吊装作业可以采用高位试吊的方法找到重心位置。（ ）
57. 有起吊耳环的物件，在吊装前应检查耳环是否完好。（ ）
58. 吊装方形物体，一般应采用两个吊点。吊点应选择在四边对称的位置上。（ ）
59. 用两台起重机同时起吊一重物时，重物重量只要小于两台起重机额定起重量之和即可。（ ）
60. 在机械设备安装精度要求较高时，可采用辅助吊点调节平衡的吊装方法。（ ）
61. 当物体重量超过起重机额定起重量时，可以采用两台起重机使用平衡梁吊运物体的

方法进行吊装作业。 ( )

62. 用兜翻的方法翻转物体时，吊点应选在物体重心之上或物体重心的一侧。 ( )

63. 在空中翻转物体时，可用主副钩或两台起重机进行作业。 ( )

64. 对柱形物体采用平行吊装绑扎法前可不找物件的重心。 ( )

65. 长方形物体的绑扎方法较多，当物体重心居中时，可不用绑扎，用兜挂法直接吊装。 ( )

66. 柱形物体的平行吊装绑扎法有两种：一种是用一个吊点，另一种是用两个吊点。 ( )

67. 柱形物体的垂直斜形吊装绑扎法多用于物件外形尺寸较短和对物件安装无特殊要求的场合。 ( )

68. 绑扎时物体锐角处可以加防护衬垫，也可以不加防护衬垫。 ( )

69. 用于绑扎的钢丝绳吊索、卸扣选用时要留有一定的安全余量。 ( )

70. 同直径的钢丝绳，每股绳内的钢丝越多，钢丝直径越细，则钢丝绳的挠性越好，钢丝绳也越耐磨。 ( )

71. 钢丝绳绳芯中的润滑油的作用是减小股与股和丝与丝之间的摩擦，并无防锈作用。 ( )

72. 钢丝绳如出现长度不够时，可用钢丝绳头穿细钢丝绳的方法接长。 ( )

73. 钢丝绳如出现长度不够时，可采用卸扣连接的方法接长。 ( )

74. 用于吊运熔化或赤热金属、酸溶液、爆炸物、易燃物及有毒物品的钢丝绳，外表的断丝数量达到报废标准一半时就应报废。 ( )

75. 当钢丝绳绳芯损坏时，会引起绳径的减小。 ( )

76. 钢丝绳的弹性减小不会造成钢丝绳明显的变硬。 ( )

77. 有钢丝挤出的钢丝绳应立即报废。 ( )

78. 当钢丝绳出现笼形畸变时，钢丝绳应立即报废。 ( )

79. 钢丝绳吊索锁眼绳端固定连接应避免一端相对于另一端的扭转。 ( )

80. 钢丝绳吊索不一定由整根绳索制成，中间可有接头。 ( )

三、填空题

1. 吊钩开口度比原尺寸增加________%时应报废。

2. 使用两个吊环工作时，两个吊环面的夹角不得大于________。

3. 在室外作业时，遇有________级以上大风应停止工作。

4. 物体的质量 = ____________ × ____________。

5. 物体内部各质点都要受到重力的作用，各质点所受重力的合力作用点，就是物体的________位置。

6. 指挥旗颜色有________和________两种。

7. 起重作业指挥人员使用手势信号均以本人的________、________或________表示吊钩、臂杆、机械位移的运动方向。

8. 起重司索指挥常见的事故________、货物损坏、起重作业机械损坏。

9. 力的________、________和________称为力的三要素。

10. 手拉葫芦操作者应站在与手链轮________平面内拉拽手链条。

11. 对于幅度可变得的起重机根据________规定起重机的额定起重量。

12. 桥架型起重机两端梁车轮踏面中心线间的距离称为起重机的________。

13. 臂架起重机置于水平场地时，空载取物装置垂直中心线至回转中心线之间的水平距离称为起重机的________。

14. 起重机的运行机构是由驱动装置、传动装置、制动装置和________组成的。

15. 绑扎后的钢丝绳吊索提升重物时，各分支的支间夹角一般不应超过________。

16. 采用穿套结索法，应选用足够长的吊索，以确保挡套处角度不应超过________。

17. 吊索绕过吊重的曲率半径不应小于该绳直径的________倍。

18. 指挥人员的位置应与被吊物体保持________距离。

19. 短环链出现________或严重腐蚀时应报废。

20. 起重机卸扣分为D形卸扣和________卸扣两种。

21. 根据《中华人民共和国安全生产法》，从业人员享有________项权利。

22. 根据加减平衡力系定律，在任意一个已知力系上加上或减去任意的平衡力系，________原力系的刚体的作用效应。

23. 在吊装施工中，确定被吊物体的________位置，才能准确地选择好起吊点和绑扎方法。

24. 对于由几个规则形状组成的物体，其重心位置需经过________才能确定。

25. 绑扎前必须正确计算或估算物体的________及其________的确切位置，使物体的重心置于捆绑绳吊点范围之内。

26. 石棉芯钢丝绳的________好，能在高温下工作，但也不能承受重压。

27. 钢丝绳的绳头应用铁丝________，以免在使用过程中散股。

28. 一般钢丝绳卡的尺寸以大于钢丝绳直径________左右为佳。

29. 钢丝绳末端与距它最近的一个绳卡的最小距离应在________以上。

30. 导向滑轮根据起重作业的需要，能改变钢丝绳________或改变被牵引物的运动方向。

四、问答题

1. 起重工的一般安全要求是什么？
2. “十不吊”的内容是什么？
3. 指挥人员如何选择指挥位置？
4. 怎样才能保证物体在吊运过程中的稳定性？
5. 用两台起重机使用平衡梁吊运同一物体时应满足哪两个条件？
6. 形状规则的长方形物体其重心在何处？
7. 怎样正确选择起重吊点？
8. 司索人员对在捆绑后留出的绳头应怎样处理？
9. 试述起重用钢丝绳有什么优点。
10. 钢丝绳绳芯起什么作用？
11. 环链和钢丝绳相比有什么优点？

12. 定滑轮在起重作业中起什么作用？
13. 动滑轮在起重作业中起什么作用？
14. 环链手拉葫芦有什么优点？
15. 在开始起吊负载时，指挥人员应怎样指挥？
16. 吊装作业中绑扎的安全技术要求有哪些？
17. 为什么要求指挥司索人员对起重机的性能、技术参数及构造要有所了解？
18. 什么是额定起重量？
19. 吊钩的报废标准是什么？
20. 指挥人员所使用的通用手势信号有几个？
21. 何谓物体的重心？
22. 如何确定由两个或两个以上基本几何图形组成的物体的重心位置？
23. 吊装方形物体吊点应怎样选择？
24. 用兜翻的方法翻转物体时，吊点如何选择？操作时应注意哪些事项？
25. 怎样翻转大型物体？
26. 怎样吊装大型桁架结构件和大直径薄壁型物体？
27. 根据被吊物体的哪些要素选择绑扎方法和吊索具？
28. 柱形物体有哪几种绑扎方法？
29. 试述长方形物体的绑扎方法。
30. 钢丝绳的绳芯材料有哪几种？
31. 吊环在吊装作业中有什么用途？
32. 使用吊环有哪些安全技术要求？
33. 卸扣（卡环）在起重作业中有什么用途？
34. 卸扣（卡环）出现什么情况时应报废？
35. 何谓桥式起重机的跨度？
36. 吊横梁（铁扁担）在吊装作业中有什么用途？
37. 安全技术操作规程对吊运指挥人员的身体条件有什么要求？
38. 布置起重作业现场时应考虑哪些事项？
39. 怎样配备起重作业施工现场的起重设备？
40. 怎样确定被吊物体的质量？

起重指挥司索作业人员安全技术考核复习题答案

一、选择题

1. C；　2. A；　3. B；　4. A；　5. B；　6. A；　7. C；　8. A；　9. A；　10. C；
11. B；　12. A；　13. A；　14. B；　15. B；　16. A；　17. B；　18. A；　19. C；　20. B；
21. B；　22. A；　23. B；　24. A；　25. C；　26. A；　27. A；　28. B；　29. B；　30. C；
31. A；　32. B；　33. A；　34. B；　35. B；　36. B；　37. B；　38. B；　39. B；　40. A；

41. A. B；　42. A. B. C. D；　43. A. B；　44. A. D；　45. A. B. D；
46. B. C. D；　47. A. B；　48. A. B. C；　49. A. B. C. D；　50. A. B. C；
51. A. C. D；　52. A. B. C；　53. A. B. C；　54. A. B. C；　55. A. B. D；
56. A. B. C；　57. A. B. C；　58. C. D；　59. A. B. D；　60. A. B. C. D

二、判断题

1. ✓；　2. ×；　3. ✓；　4. ✓；　5. ✓；　6. ×；　7. ✓；　8. ✓；
9. ✓；　10. ×；　11. ×；　12. ×；　13. ×；　14. ✓；　15. ×；　16. ✓；
17. ×；　18. ✓；　19. ✓；　20. ×；　21. ×；　22. ×；　23. ×；　24. ✓；
25. ✓；　26. ✓；　27. ✓；　28. ✓；　29. ×；　30. ×；　31. ×；　32. ✓；
33. ✓；　34. ×；　35. ✓；　36. ×；　37. ✓；　38. ✓；　39. ✓；　40. ✓；
41. ×；　42. ✓；　43. ×；　44. ×；　45. ✓；　46. ×；　47. ×；　48. ×；
49. ×；　50. ×；　51. ×；　52. ✓；　53. ✓；　54. ×；　55. ✓；　56. ×；
57. ✓；　58. ×；　59. ×；　60. ✓；　61. ✓；　62. ×；　63. ✓；　64. ×；
65. ✓；　66. ✓；　67. ×；　68. ×；　69. ✓；　70. ×；　71. ×；　72. ×；
73. ✓；　74. ✓；　75. ✓；　76. ×；　77. ✓；　78. ✓；　79. ✓；　80. ×

三、填空题

1. 15
2. 90°
3. 6
4. 物体的密度；物体的体积
5. 重心
6. 红色；绿色
7. 手指；手心；手臂
8. 人身伤害
9. 大小；方向；作用点
10. 同一
11. 幅度
12. 跨度
13. 幅度
14. 车轮装置
15. 90°
16. 120°
17. 2
18. 安全
19. 扭曲
20. 弓形
21. 五

22. 不会改变
23. 重心
24. 数学计算
25. 质量；重心
26. 耐热性
27. 扎紧
28. 1mm
29. 140～160mm
30. 受力方向

四、问答题

1. 答：

1）指挥信号明确，并符合规定。

2）吊挂时，吊挂绳之间的夹角应小于120°，以免吊挂绳受力过大。

3）绳、链所经过的棱角处应加衬垫。

4）指挥物体翻转时，应使其重心平稳变化，不应产生指挥意图之外的动作。

5）进入悬吊重物下方时，应先与司机联系并设置支撑装置。

6）多人捆绑时，应由一人负责指挥。

2. 答：

1）指挥信号不明确和违章指挥不吊。

2）超载不吊。

3）工件或吊物捆绑不牢不吊。

4）吊物上面有人不吊。

5）安全装置不齐全、不完好、动作不灵敏或失效不吊。

6）工件埋在地下或与地面建筑物、设备有钩挂时不吊。

7）光线阴暗、视线不清不吊。

8）有棱角吊物无防护、切割隔离保护措施不吊。

9）歪拉、斜拽工件不吊。

10）钢液包过满有洒落危险不吊。

3. 答：

1）应保证与起重机司机之间视线清楚。

2）在所指定的区域内，应能清楚地看到负载。

3）指挥人员应与被吊运物体保持安全距离。

4）当指挥人员不能同时看见起重机司机和负载时，应站到能看见起重机司机的一侧，并增设中间指挥人员传递信号。

4. 答：应使吊钩吊点与被吊物体的重心在同一条铅垂线上。

5. 答：

1）被吊物体重量与平衡梁重量之和应小于两台起重机额定起重量之和，且每台起重机的起重量应留有1.2倍的安全系数。

2）利用平衡梁合理分配载荷，两台起重机均不能超载。

6. 答：长方形物体的重心位置在其对角线的交点上。

7. 答：应根据物体的形状特点、重心位置，正确选择起吊点。

8. 答：留出的绳头必须紧绕在吊钩或重物上，防止吊物移动时，绳头挂住沿途人员或物件。

9. 答：

1）重量轻，强度高，能承受冲击载荷。

2）挠性好，使用灵活。

3）钢丝绳磨损后外表会产生毛刺，易于检查。破断前有断丝预兆，且整根钢丝绳不会立即断裂。

4）成本较低。

10. 答：绳芯中的润滑油起减小每股绳及钢丝间的摩擦和防锈蚀作用。

11. 答：环链具有挠性好、破断拉力大、耐磨损等优点。

12. 答：有保持重物的平衡、支撑承重钢丝绳的升降运动和改变绳索拉力方向的作用。

13. 答：起省力和承重的作用。

14. 答：体积小、重量轻、操作方便、易携带等。

15. 答：首先用微动信号指挥；待负载离开地面 100～200mm 时，停止起升，进行试吊，确认安全可靠后，方可用正常指挥信号指挥重物上升。

16. 答：

1）绑扎前必须正确计算或估算物体的重量及其重心的确切位置，使物体的重心置于捆绑绳吊点范围之内。

2）绑扎用钢丝绳、吊索、卸扣的选用要留有一定的安全余量，绑扎前必须进行严格检查，如发现损坏应及时更换，未达到报废标准时，应在出现异常部位处做出明显标记，作为继续检查的重点。

3）严格检查捆绑绳规格，并保证其有足够的长度。

4）用于绑扎的钢丝绳吊索不得用插接、打结或绳卡固定连接的方法缩短或加长。

5）用绑扎后的钢丝绳吊索提升重物时，各分支受力应均匀，支间夹角一般不应超过90°，最大时不得超过120°。

6）采用穿套结索法时，应选用足够长的吊索，以确保挡套处角度不超过120°，且在挡套处不得向下施加损坏吊索的压紧力。

7）吊索绕过被吊重物的曲率半径应不小于该绳径的2倍。

8）绑扎吊运大型或薄壁物件时，应采取加固措施。

9）当被吊物具有边角尖棱时，为防止捆绑绳被割断，必须在绳与被吊物体间垫厚木块。

10）注意风载荷对物体引起的受力变化。

11）卸载时，亦应在确认吊物放置稳妥后落钩卸载。

17. 答：起重机司索、指挥人员是与起重机司机一同相互配合，协调一致地利用起重机完成物料吊运工作的。在物料吊运的全过程中，三工种的密切配合是安全作业的关键，因此要求起重机司索、指挥人员除必须掌握物体的捆绑知识、合理选用吊具、索具以及熟练地掌握起重指挥信号以外，还必须对起重机的性能、技术参数及构造有所了解。

18. 答：额定起重量 M_n：起重机允许吊起的重物或物料，连同可分吊具上的吊具或属具的质量总和（对于流动式起重机，包括固定在起重机上的吊具）。对于幅度可变的起重机根据幅度规定起重机的额定起重量。

19. 答：吊钩出现下列情况之一时，必须予以报废：

1）表面有裂纹。

2）危险断面磨损量达原尺寸的10%。

3）吊钩钩腔的开口度比原尺寸增加15%。

4）吊钩扭曲变形，吊钩钩尖中心线与钩尾中心线的扭曲角大于10°。

5）危险断面或吊钩颈部产生塑性变形。

6）板钩衬套磨损量达原尺寸的50%以上，必须报废衬套，销子磨损量超过名义直径的3%~5%应更新。

7）板钩心轴磨损达原尺寸的5%时，应报废心轴。

8）补焊过的吊钩。

20. 答：通用手势信号共14个。

21. 答：由于地球的引力，物体内部各点都受到重力的作用，各点重力的合力就是物体所受的重力，而合力的作用点就是物体的重心。

22. 答：两个或两个以上基本几何图形组成的物体，其重心位置可根据物理关系求得，其方法是先分别求出各基本图形的重心位置，然后用静力学力矩平衡的方法求出整个物体的重心位置。

23. 答：吊装方形物体，一般采用四个吊点，四个吊点位置应选择在四边对称的位置上，吊点应与吊物重心在同一条铅垂线上，使吊物处于稳定平衡状态，提升前应做试吊。

24. 答：兜翻物体时，吊点应选择在物体重心之下或重心一侧。物体兜翻时应根据需要加护绳，护绳的长度应略长于物体不稳定状态时的长度，同时还应注意指挥起重机顺向移动，避免物体倾倒后的碰撞冲击。

25. 答：大型物体的翻转一般采用空中翻转的方法，即利用几组滑车、主副钩或两台起重机在空中完成翻转作业。

26. 答：吊装大型桁架结构和大直径薄型物件时要特别注意防止其变形的问题。选择吊点时应满足被吊物体整体刚度或构件结构局部稳定性的要求，避免起吊后整体变形或局部变形而造成的损坏，一般是采用临时加固法或采用辅助吊具法吊装。

27. 答：根据被吊物的重量、外形特点、精密程度、安装要求、吊装方法、吊装设备合理选择绑扎方法及吊索具。

28. 答：柱形物体的绑扎方法有两种：

1）平行吊装绑扎法。它又分两种，一种是用一个吊点绑扎法，适用于短小、重量轻的物体，绑扎前应找准重心，使物体吊装时处于水平状态；另一种是用两个吊点，常用双支穿套结索法和吊篮式结索法绑扎物体两端。

2）垂直斜形吊装绑扎法，此法多用于物件外形尺寸较长或物件安装有特殊要求的场合。

29. 答：长方形物体绑扎方法较多，通常采用平行吊装两点绑扎法。如被吊物体重心居中，可不用绑扎，采用兜挂法直接吊装。

30. 答：钢丝绳的绳芯材料有：天然纤维芯、合成纤维芯和钢丝芯三种。

31. 答：吊环是吊装作业中的取物工具，它不仅是起重机上一个部件，而且可与钢丝绳、链条等组成各种吊具，在起重作业中取物方便、迅速、安全、可靠。

32. 答：有如下安全技术要求：

1）使用时必须注意吊环的受力方向，垂直受力为最佳，严禁横向受力。

2）吊环螺纹必须拧紧，防止由于拧得太松而在吊索受力时打转，造成重物脱落。

3）吊环在使用中如发现螺栓太长，须加垫片，然后再拧紧，方可使用。

4）使用两个吊环工作时，两个吊环面的夹角不得大于90°。

33. 答：卸扣（卡环）是起重作业中广泛使用的连接工具，常用来连接起重滑轮、吊环或吊索一端绑扎重物之用。

34. 答：当卸扣（卡环）任何部位产生裂纹、塑性变形、螺纹脱扣、销轴和卸扣本体断面磨损达原尺寸的3% ~5%时，均应报废。

35. 答：桥式起重机两端梁车轮面中心线间的水平距离（即大车轨道中心线间距离）为其跨度。

36. 答：吊横梁（铁扁担）主要用于设备、物件在吊装过程中既要保持水平又要避免物件被吊索压坏、擦伤，并保证吊运过程中物体不产生过大的变形及损坏。在这种吊装要求条件下，吊横梁是较为适用的吊具。

37. 答：吊运指挥人员必须年满18周岁（含18周岁），视力（包括矫正视力）在0.8以上，无色盲症，听力能满足工作条件的要求，且身体健康。

38. 答：布置起重作业现场时应考虑如下内容：

1）应尽量减少吊运距离和装卸次数。

2）应考虑设备运输、拼装、吊运位置。

3）合理选择扒杆的竖立、移动、拆除位置和卷扬机的安装位置。

4）选定流动式起重机的合适吊装位置，使其能变幅、旋转、升高。

5）必须考虑施工的安全和司索、指挥人员的安全位置及与周围物体的安全距离。

6）在易燃、易爆区内作业时，应遵守有关的安全规定。

39. 答：应根据吊运物体的重量、结构、外形尺寸及特殊要求及被吊物的高度，选择不同类型、不同吨位的起重设备。起重设备的额定起重量应大于被吊物的重量，并应留有一定余量，起升高度应满足吊运高度的要求。起重设备应适应作业现场环境的使用要求。

40. 答：一般情况下可依据重物的说明书、标牌、货物单来确定，或根据材质和物体几何形状用计算的方法确定。

参考文献

[1] 国家经贸委安全生产局. 起重司索指挥作业［M］. 北京：气象出版社，2002.

[2] 国家《特种作业人员安全技术培训大纲及考核标准》起草小组. 起重指挥司索工［M］. 北京：中国劳动社会保障出版社，2004.

[3] 机械工业职业教育研究中心. 起重工技能实战训练入门版［M］. 北京：机械工业出版社，2004.

[4] 国家安全生产监督管理总局职业安全技术培训中心. 起重司索指挥作业［M］. 北京：中国三峡出版社，2005.

[5] 张应力，罗建祥. 起重司索指挥作业［M］. 北京：化学工业出版社，2005.